KB116774

펑크 씨, 도파민 좌잉입니다

뭉크 씨, 도파민 과잉입니다

1판 1쇄 발행 2022. 02. 14.
1판 4쇄 발행 2023. 09. 26.

지은이 안철우

발행인 고세규
편집 민성원, 봉정하 디자인 지은혜
발행처 김영사
등록 1979년 5월 17일 (제406-2003-036호)
주소 경기도 파주시 문발로 197(문발동) 우편번호 10881
전화 마케팅부 031)955-3100, 편집부 031)955-3200 | 팩스 031)955-3111

저작권자 © 안철우, 2022
이 책은 저작권법에 의해 보호를 받는 저작물이므로
저자와 출판사의 허락 없이 내용의 일부를 인용하거나 발췌하는 것을 금합니다.

값은 뒤표지에 있습니다.
ISBN 978-89-349-5134-6 03470

홈페이지 www.gimmyoung.com   블로그 blog.naver.com/gybook
인스타그램 instagram.com/gimmyoung   이메일 bestbook@gimmyoung.com

좋은 독자가 좋은 책을 만듭니다.
김영사는 독자 여러분의 의견에 항상 귀 기울이고 있습니다.

안철우 교수의 미술관 옆 호르몬 진료실

뭉크 씨, 도파민 과잉입니다

안철우 지음

김영사

호르몬 미술관 입장을 환영합니다

지금부터 그림 이야기를 하려 합니다. 저는 또 호르몬 이야기도 하려 합니다. 의학 서적에 쓰여 있는 호르몬 설명은 아닙니다. 주옥같은 명화들을 감상하며 받은 제 느낌을 호르몬을 통해 풀어내려 합니다. 주관적일 수밖에 없겠지요. 그림과 호르몬이 한데 모여 춤을 추는 책이라고 말하고 싶습니다. 제 해석은 오류가 있을 수도 있습니다. '느낌'이라는 것이 원래 그렇지요. 주관적입니다.

제가 전공한 호르몬 이야기를, 제가 좋아하는 그림이라는 세계와 나란히 세워서 전해드리고 싶었습니다. 어렵고 따분한 호르몬 지식을 쉽고 재밌게 설명하려다 보니, 소설적인 과장이 있을 수 있습니다. 이 책에서 저는 호르몬 미술관의 '호르몬 도슨트'로 나서보겠습니다.

호르몬은 우리가 생각하는 것보다 많은 역할을 합니다. 특히 신진대사의 중추적인 역할을 합니다. 호르몬을 빼놓고는 다양한 신체 특징과 감정 변화를 설명할 수 없을 정도입니다. 한 사람의 몸이 시시각각으로 변하는 것도 호르몬의 영향 때문인데요, 가령 항상성을 유지하는 호르몬이 없다면 우리 몸은 균형을 잃고 건강까지 놓치게 됩니다. 행복을 불러일으키는 호르몬이 없다면 일상을 우울하게 보낼 수밖에 없고요. 이처럼 호르몬의 다양한 종류와 기능을 이해하면 몸과 마음의 건강을 챙길 수 있습니다. 앞으로는 호르몬이 우리 삶에 더더욱 중요해지리라고 저는 확신합니다.

호르몬. 잘은 몰라도 심심치 않게 들어보셨을 겁니다. 한마디로 설명하면, 호르몬은 우리 몸의 생체신호를 전달하는 화학물질입니다. 우리 몸은요, 복잡한 회로와 같습니다. 이쪽에서 저쪽으로 신호가 잘 전달되어야 감각과 감정을 느낄 수 있지요. 신호를 전달하는 회로 체계는 신경계와 내분비계입니다. 그리고 전류처럼 회로를 따라 돌아다니면서 신호를 전달하는 물질이 바로 호르몬입니다.

인류가 알아낸 호르몬은 많지 않습니다. 심은 알려진 호르몬도 그 기능이 무엇인지 전부 밝혀진 것은 아닙니다. 예를 들어, 혈당에 영향을 미치는 대표적인 호르몬은 인슐린이고 혈압에 영향을 주는 호르몬은 알도스테론입니다. 그렇지만 최근 멜라토닌도 혈당과 혈압에 영향을 준다고 알려졌습니다. 잠을 잘 자게 해준다고 알려진 그 멜라토닌 말이지요. 이처럼 여러 호르몬은 협업하기도, 반대로 작용하기도 합니다. 동시다발적으로 작용하기도, 도미노처럼 차례로 작용하기도 하고요. 아직 발견되지 않는 호르몬까지 포함해 수많은 호르몬이 얽히고설키면서 우리 몸은 균형을 맞춰나가고 있는 셈입니다.

호르몬을 알면 희로애락의 실마리를 풀 수 있습니다. 건강을 증진하고 노화를 늦출 수도 있지요. 심지어 불로장생도 꿈이 아닐지 모릅니다. 그뿐인가요? 인간관계를 이해하게 되고 다른 사람의 감정과 입장을 포용할 수도 있습니다. 호르몬과 생로병사의 연결고리를 이해할 때 인생을 새로운 눈으로 볼 수 있습니다. 호르몬 세계는 정말이지 호메로스의 《오디세이아》처럼 광대하고 경이롭습니다. 생로병사와 희로애락의 지배자가 바로 호르몬이라고까지 저는 말하고 싶습니다.

이 책에서 우리는 위대한 화가의 손끝에서 출발하여 우리 몸 속의 호르몬 세계로 떠날 겁니다. '에피파니epiphany'라는 단어를 아시는지요? '우연한 순간에 귀중한 것과의 만남이 주는 깨달음'을 뜻하는 말입니다. 제 바람은 한 가지입니다. 전혀 어울리지 않을 것 같은 호르몬과 미술이 절묘하게 포개어지는 이야기들이 여러분에게 에피파니의 경험을 선사할 수 있기를 바랍니다. 여행이 끝나고 미술관을 떠날 때, 여러분 가슴 한구석에 '이게 다 호르몬 때문이었구나!' 하는 생각이 싹트기를요.

자, 그럼 희로애락의 비밀이 숨어 있는 호르몬 세계로 떠나보겠습니다.

매봉산자락에서

안철우

호르몬에 끌려가지 않고 조종하는 법

제2관 **분노** 怒

내 몸과 마음에 꼭 맞게 옷는 법

제4관 **즐거움** 樂

일러두기

- 미술, 영화, 시 등의 작품명은 〈 〉, 희곡 등 단행본은 《 》로 표기했습니다.
- 각 작품의 상세 정보는 책 뒤쪽의 '도판 목록'에서 확인할 수 있습니다
  상세 정보는 '화가명, 작품명, 제작 연도, 제작 방법, 실물 크기, 소장 위치' 순으로 기재했습니다.
- 이 책에 사용된 미술, 시, 사진 등은 모두 저작권자와 계약을 맺고 수록했습니다.
  저작권법에 의하여 한국 내에서 보호를 받는 저작물이므로 무단 전재 및 복제를 금합니다.
- 저작권 허가를 받지 못한 일부 작품에 대해서는 추후 저작권이 확인되는 대로 절차에 따라
  계약을 맺고 그에 따른 저작권료를 지불하겠습니다.
- 그림, 문학, 사진 저작권으로 도움을 주신 재단 및 단체:
  ADAGP, Succession Pablo Picasso, Fundació Gala, SACK, 서울시 문화본부(천경자), 창비(정호승)
  © Marc Chagall / ADAGP, Paris – SACK, Seoul, 2022
  © Rene Magritte/ADAGP, Paris – SACK, Seoul, 2022
  © 2022 – Succession Pablo Picasso – SACK (Korea)
  © Salvador Dalí, Fundació Gala – Salvador Dalí, SACK, 2022
  © 천경자, 서울시 문화본부, 2022
  © 정호승, 《사랑하다가 죽어버려라》, 창비, 1997

기쁨 喜

삶을 황홀하게 만들어주는 호르몬

#

사랑과 열정 호르몬, 엔도르핀

배려 호르몬, 옥시토신

행복 호르몬, 세로토닌

활력 호르몬, 갑상선호르몬

구스타프 클림트, 〈키스〉, 1908

첫 번째 방

사람이 사랑하고 행복할 수 있는 이유

**사랑과
열정 호르몬,
엔도르핀**

'내인성 모르핀'이라는 뜻으로, 고통을 전달하는 말단 감각신경에 영향을 주어 고통을 줄여주는 역할을 하는 호르몬이다.

그림을 감상할 때 우리는 겉으로 드러난 아름다움만을 느끼진 않습니다. 이면에 담겨 있는 화가의 생각과 감정에 공감하고 위로를 받죠. 우리 각자가 처해 있는 상황을 그림에 투영하기도 합니다. 그 때문에 같은 그림에서 누군가는 행복을, 누군가는 슬픔을 느낍니다.

수십 년 동안 호르몬을 연구해온 탓일까요? 이상한 표현일지 모르겠지만 저는 그림을 보며 호르몬을 읽습니다. 저는 호르몬을 '우리 삶의 실질적인 지배자'라고 표현합니다. 호르몬이 건강은 물론, 우리 생각과 감정에 강력한 영향을 미치기 때문이지요.

그림을 그리는 주체는 동식물도 기계도 아닌 화가입니다. 화가도 사람인지라 꼬집으면 아프고 열이 나면 해열제를 먹지 않겠습니까? 집안일을 해야 하는데 심한 감기에 걸린 상황이라고 칩시다. 어떤가요? 그릇이 깨질 정도로 신경질적으로 설거지를 하게 될 테고, 먼지만 대충 훑는 식으로 방 청소를 마칠 겁니다. 반대로 몸이 날개 달린 듯이 가벼운 날이면 집안일 역시 콧노래를 부르며 경쾌하게 끝마치겠지요.

그림을 그릴 때의 화가 역시 마찬가지 아닐까요. 당시 화가의 몸 상태가 어떠했는가에 따라 피사체를 보는 시선, 색감과 형체를 구현하는 방식은 크게 달라질 겁니다. 이때 몸 상태에 무엇보다 지대한 영향을 미치는 것이 바로 호르몬입니다.

자, 우리는 이제 미술관의 첫 번째 방에 들어섰습니다. 우리를 기다리는 아름다운 작품들이 있네요. 그럼 살펴볼까요?

세상과 분리된 클림트의 사랑

인간의 행동 중에 키스만큼 매혹적인 행위가 또 있을까요? 저는 '키스' 하면 한 고전영화가 가장 먼저 떠오릅니다. 〈시네마 천국〉이라는 영화인데, 아시는 분도 많을 겁니다. 내용은 이렇습니다. 주인공 토토는 어릴 적에 영화관을 들락날락하면서 영사기사를 꿈꿉니다. 하지만 영사기사 알프레도 아저씨는 토토의 생각을 만류하고 고향을 떠나서 더 큰 꿈을 펼치게 만듭니다. 그 덕분에 토토는 영화감독으로 성공할 수 있었죠. 토토가 고향에 돌아온 것은 알프레도의 장례식 때문이었습니다.

알프레도는 떠났고, 그토록 좋아했던 영화관도 망했습니다. 토토는 쓸쓸한 마음에 문 닫힌 영화관 안으로 들어갑니다. 그리고 아저씨가 남긴 필름 뭉치를 영사기로 재생합니다. 그 필름에는 신부의 검열로 편집된 영화 속 키스 장면들이 담겨 있었습니다. 토토는 관객석에 앉아 자신을 아버지처럼 사랑해준 알프레도를 추억하며 눈물을 흘립니다.

키스란 그런 행위입니다. 사랑하는 연인의 로맨틱한 행위이기도 하지만, 말로는 다 표현하지 못하는 진심을 상징하기도 하지요. 상대방을 생각하는 애틋한 마음을 전하고, 사랑의 감정을 더 깊어지게 만들고, 갈등이 절정에 이른 순간이면 긴장과 대립을 단번에 녹여버리는 힘을 발휘합니다.

클림트의 작품 〈키스〉는 워낙 유명한 그림이지요. 구스타프 클림트Gustav Klimt는 오스트리아 출신의 상징주의 화가로, 사물을 평면으로 묘사하고 금박과 금색 물감을 사용하여 신화적이고 몽환적인 분위기의 화려한 그림을 주로 그렸습니다. 회화, 벽화, 스케치 등에서 독창적인 예술작품을 남긴 클림트의 주요 주제는 단연 여성의 신체입니다. 노골적인 에로티시즘을 드러내는 표현으로 유명한 화가죠.

클림트는 1862년 오스트리아 빈 교외의 바움가르텐이라는 작은 마을에서 태어났습니다. 아버지의 직업이 금 세공업자였다고 해요. 클림트가 왜 화려한 금박의 그림을 그렸는지 이해가 되지요? 〈키스〉는 클림트의 대표작이자 세계적으로 사랑받는 그림입니다. 황금빛으로 둘러싸인 두 남녀의 내밀한 스킨십은 누군가와의 첫 입맞춤을 떠올리게 합니다.

여성의 드레스에 두드러진 문양 보이시나요? 어떤 미생물 같은 형태를 띠고 있는 원형 무늬 말입니다. 그 무늬는 남자의 옷에서 보이는 직사각형 장식과 강한 대조를 이루고 있습니다. 그림에 등장하는 남자는 굉장히 적극적입니다. 여자를 품에 안은 자세와 검은색 피부, 옷에 그려진 검은색 사각형 패턴을 보면 알 수 있습니다. 반면 여인은 다소 수동적인 면이 강조되었습니다. 무릎을 구부린 순종적인 자세와 하얀색 피부, 옷에 그려진 원형 무늬를 보면 알 수 있습니다.

꽃이 흩뿌려진 작은 초원 위에 서 있는 두 연인은 주변과 분리되어 그들을 마치 후광처럼 둘러싸고 있는 금빛 안에서 서로에게 황홀히 취해 있습니다. 이 공간이 어디인지, 또 시간은 언제쯤인지 말해주는 단서가 거의 없습니다. 두 연인은 속세의 현실에서 벗어나 황금색 우주에 둘만이 존재하는 것처럼 보이는군요.

관람객들을 시각적으로 끊임없이 자극하는 장식적이고 관능적인 과도함 역시 클림트 예술을 대표하는 특징입니다. 화려하고 아름다운 색채만으로도 사랑과 환상을 동시에 표현하고 있지요.

이 그림을 자세히 들여다보면, 눈 감은 여인의 발밑에 절벽이 그려져 있습니다. 여인은 애써 눈을 감고 있는 것일까요? 제가 보기엔 현실을 외면하고 있는 것 같아요. 아무리 열렬한 사랑을 한다 해도 현

녹록지 않은 현실의
사랑을 표현한 발밑의 절벽

구스타프 클림트,
〈에밀리 플뢰게〉, 1902

실이라는 땅에 발을 딛고 있는 한, 사랑은 그리 녹록지 않을 테니 말입니다.

여자와 성, 황금빛, 그리고 에로티시즘을 표현하는 화가로 알려진 클림트이지만, 이 그림에서는 퇴폐적 에로티시즘이 나타나지 않습니다. 이를 두고 몇몇 사람들은 클림트가 자신의 숭고한 사랑을 표현한 작품이기 때문이라고 이야기하더군요. 저 역시 같은 생각입니다. 클림트에게는 평생 마음속 깊이 사랑했던 한 여인이 있었거든요.

그 여인의 이름은 에밀리 플뢰게Emilie Floege입니다. 사실 클림트는 여자관계가 복잡하기로 유명했습니다. 화실에는 늘 모델을 자청하는 여자들로 북적였고, 반라의 모델들이 화실을 자유롭게 오갔다고 합니다. 그런데 에밀리와의 사랑은 달랐습니다. 오직 정신적인 사랑을 나눴지요. 클림트는 그의 동생인 에른스트의 결혼식에서 사돈지간이었던 에밀리를 처음 만났습니다. 에밀리는 동생의 아내 헬레네의 동생이라고 하네요.

클림트는 평생 에밀리를 네 번 화폭에 담았는데, 그중 가장 유명한 작품이 그녀의 이름을 그대로 쓴 〈에밀리 플뢰게〉입니다. 재미있는 사실은 에밀리가 이 그림을 별로 마음에 들어 하지 않았다는 점입니다. 그녀는 오스트리아 빈에서 가장 잘나가는 부티크를 소유한 유명한 패션 디자이너였는데요, 클림트가 초상화 속 자신에게 입힌 의상이 그다지 마음에 들지 않았기 때문이랍니다.

클림트와 에밀리는 육체적 관계를 뛰어넘은 진정한 영혼의 동반자였습니다. 〈키스〉를 그린 클림트지만 실제 연인과는 키스 한번을 못 해본 거죠! 에밀리는 27년간 그의 곁을 지켰으며 클림트가 어느 겨울 아침 뇌출혈로 쓰러져 6일 만에 세상을 뜨기 직전에도 마지막까지 애타게 찾던 유일한 사람이었습니다.

클림트와 그가 사랑한 여인 에밀리

이들은 매년 여름이면 아터 호수에서 함께 휴가를 보낼 정도로 깊은 사이였지만 끝내 결혼은 하지 않았습니다. 아터 호수는 클림트가 가장 사랑했던 장소로, 이곳에서 많은 풍경화를 그렸다고 합니다. 클림트가 세상을 떠난 후에도 에밀리는 평생 독신으로 살았다지요.

긍정 호르몬을 부르는 키스

에드바르 뭉크Edvard Munch가 그린 에로틱한 그림도 하나 소개해드릴게요. 클림트의 그림과 동명의 제목인 〈키스〉입니다. 〈절규〉라

에드바르 뭉크, 〈키스〉, 1897

는 작품으로 유명한 뭉크는 인간 내면의 고통을 형상화했던 화가로 유명하지만, 이처럼 사랑의 한 장면을 그려내기도 했습니다. 그런데 이 작품 역시 왠지 모르게 차갑고 냉소적인 느낌을 주는군요.

서로를 강하게 탐닉하는 연인의 모습에서 불안한 사랑의 기운이 느껴집니다. '흔들다리 효과Suspension Bridge Effect'라는 용어가 있습니다. 위기의 상황일수록 서로에게 더 빠져들게 되는 속성을 말하는 거죠. 영화 〈애수〉에서 잘 나타나는 현상이죠. 공습경보가 울리는 전쟁 한가운데 워털루 다리 근처의 방공호에 피신해 있던 남녀가 갑자기 서로에게 이끌려 첫눈에 반하게 되지 않던가요. 불안이 마음을 옭아맬수록 사랑은 더 안락한 피난처로 느껴지는 모양입니다.

뭉크의 〈키스〉 속 인물들은 마치 야수파의 느낌이 들 정도로 거친 느낌의 키스를 나누고 있습니다. 불장난 같은 사랑으로 두려움에서 탈출하려는 것일까요? 클림트의 〈키스〉가 현실에서 도피한 끝에 도착한 환상 속에서 키스를 나누는 것이라면, 뭉크의 〈키스〉는 현실의 불안감 속에서도 서로를 강렬하게 원하는 연인의 키스라고 할까요? 제 느낌은 그렇습니다.

이왕 키스를 소재로 명화를 찾다 보니 이런 작품도 있더군요.

조각상이기도 하지만, 일단 이전의 두 그림과는 달리 앙증맞고 귀엽습니다. 멀리서 보면 하나의 바위처럼 보이지만 자세히

콘스탄틴 브랑쿠시, 〈입맞춤〉, 1907

보면 두 사람이 하나가 된 일체감을 보여주고 있습니다. 마주한 두 사람은 데칼코마니처럼 대칭적이고 합일적입니다. 안정적인 느낌의, 뭐랄까, 온전하고 아늑하고, 게다가 귀엽기까지 한 키스라고 할까요. 하나가 된 두 사람은 결국 망부석 설화처럼 돌로 굳어져 절대로 떨어지지 않는 사이, 천년만년 영원히 붙어 있는 연인이 되어버렸네요.

키스를 소재로 한 작품들을 여럿 소개해드렸습니다. 여러분들을 맞이하는 첫 번째 방이고 하니, 가슴을 설레게 만드는 호르몬으로 시작하고 싶었답니다. 자꾸만 키스가 떠오르게 하는 호르몬은 바로 사랑과 열정 호르몬 엔도르핀입니다. 엔도르핀과 관련된 클림트의 작품 하나를 더 살펴보죠.

이 작품은 1905년에 시작하여 1911년에 완성한 작품으로, 각각 〈기다림〉, 〈생명의 나무〉, 〈성취〉라는 세 개의 작품을 연결하여 만든 그림입니다.(28~29쪽)

벨기에의 실업가 아돌프 스토클레는 건축가 요제프 호프만에게 저택 건축을 의뢰합니다. 요제프 호프만은 식당 장식용으로 이용할 벽화를 클림트에게 부탁하게 되고, 그렇게 탄생한 〈생명의 나무〉 연작은 지금도 스토클레 저택의 식당 벽면을 아름답게 장식하고 있습니다.

세 그림 중 오른쪽인 〈성취〉부터 같이 볼까요? 그림에 있는 남자의 등 부분이 눈에 띕니다. 여러 문양들이 표현되어 있는데 그중 옷의 하단부에 수많은 문들이 이색적으로 그려져 있습니다. 또한 왼쪽 그림인 〈기다림〉의 여인을 보면 머리에 두른 장식과 손목에 감긴 수많은 팔찌들, 그리고 현란한 원피스와 헤나 등이 표현되어 있습니다.

그리고 가운데 그림인 〈생명의 나무〉 속 커다란 나무에서 뻗어나간 나선 모양의 가지들, 둥글게 말려 소용돌이치는 나뭇가지는 고대 신화에서 유래한 생명의 연속성, 삶의 보편적인 순환성을 의미합니다. 죽음을 상징하는 검은 새가 보이시지요? 검은 새는 생명의 나무와 더불어 생명이 탄생하고 자라고 죽음을 맞이하는 순환을 의미합니다.

클림트는 빈 공방에서 유리, 산호, 자개, 준보석 등의 귀한 재료들을 사용하여 모자이크 도안을 완성하였는데, '황금빛의 화가'라는 수식어를 가진 그답게 이 작품 또한 매우 화려하고 아름답지요. 이 작품은 구상적 표현이 전혀 없는 추상적인 형태로 이루어져 있는데, 이는 클림트의 다른 회화에서 볼 수 없는 특이한 경우입니다.

〈기다림〉에서 무희는 연인을 기다리고 있습니다. 연인을 만난 무희는 〈성취〉에서 충만한 사랑을 뽐내고 있죠. 두 그림은 〈생명의 나무〉로 이어집니다. 이런 구성은 마치 사랑이 생명의 근원임을 말하고 있는 듯합니다. 황금빛 사랑은 또 다른 생명을 탄생시키는 생명의 이치를 구현할 테지요. 〈키스〉보다 훨씬 안정적인 느낌이 드는 것 같습니다.

왼쪽의 여인, 오른쪽의 남녀, 그리고 세 사람을 아우르는 생명의 나무를 보면 그 안에 인생이 보이고 사랑의 요소들이 모두 다 담겨 있음을 느낍니다.

정신적인 사랑인 플라토닉이 사랑의 전부가 아니죠. 육체적인 사랑인 에로스만으로도 부족합니다. 희생과 배려의 사랑인 아가페까지 합쳐져서 삼위일체를 이루어야 사랑은 비로소 완성

구스타프 클림트, 〈기다림〉〈생명의 나무〉〈성취〉, 1905~1911

됩니다.

호르몬의 시각에서도 그렇습니다. 내분비내과 의사들은 이야기하곤 하죠. 사랑의 방정식은 도파민, 엔도르핀, 옥시토신이라는 삼차방정식으로 풀어야 한다고요.

엔도르핀이 충만한 인생이란

이 그림은 네덜란드의 화가 프란스 할스Frans Hals가 하를럼의 부유한 상인 이삭 마사와 그의 아내인 베아트릭스 판 메어 란의 결혼을 기념하기 위해 그린 초상화입니다. 한눈에 봐도 인물의 표정과 자세에서 깊은 신뢰와 사랑으로 함께 하고 있는 부부임이 느껴지지 않나요? 남편의 어깨에 손을 올리고 있는 아내와 결혼생활이 만족스러운 듯 편안해 보이는 남편의 모습을 보니 정답게 늙어가는 부부의 모습이 보입니다.

이들에게도 한때 질풍노도의 시간이 있었겠지요? 하지만 그런 세월을 함께 헤쳐나갔을 겁니다. 말없이 배려하고 이유 없이 믿어주면서 말입니다. 그렇게 나이가 들어가면서 진정한 사랑을 완성한 게 아닌가 싶습니다. 김소월 시인의 〈부부〉라는 시를 떠올리게 만드는 작품입니다. 그 일부를 옮겨놓습니다.

프란스 할스, 〈이삭 마사 부부의 초상〉, 1622

한평생이라도 반백년

못 사는 이 인생에!

연분의 긴 실이 그 무엇이랴?

나는 말하려노라, 아무려나,

죽어서도 한 곳에 묻히더라.

　가족 같고 친구 같은 모습으로 편안하게 앉아 있는 그림 속 부부를 보고 있자면, 사랑이란 시간이 지나면서 와인처럼 익어 가는 것이 아닌가 싶습니다. 차갑게 식는 것이 아니라요. 연인을 뛰어넘어 가장 가까운 친구이자 진정한 가족이 되는 사랑이 더 아름답게 느껴집니다.

　프란스 할스의 생애에 대해서는 대략적인 윤곽만 알려져 있습니다. 그는 1580년 벨기에의 메헬렌에서 태어나 일찍이 가족과 함께 네덜란드로 이주했습니다. 1591년 하를럼에 정착한 이후 할스는 평생을 이곳에서 지내면서 활동했다고 합니다. 당시 네덜란드에서는 부부의 초상화를 그릴 때 두 사람을 함께 그리지 않고, 서로 다른 캔버스에 따로 그려서 남편의 초상화는 왼쪽에, 아내의 초상화는 오른쪽에 거는 것이 관례였습니다.

　할스도 이런 방식으로 초상화를 그려왔지만, 이 작품에서만큼은 야외를 배경으로 하여 부부를 한 화면 속에 함께 그렸습니다. 당시로서는 극히 이례적인 경우라고 합니다. 부부는 동등해야 하고, 함께여야 하고, 서로 존중해야 한다는 부부의 가치를 이 그림은 진정성 있게 담아내고 있습니다.

저는 이렇게 이 그림을 보았습니다만, 여러분들은 어떻게 해석하셨을까요? 어떤 분은 얼마 전에 결혼해서 분가한 자녀가 떠오를 수도, 또 어떤 분은 자식들을 모두 떠나보내고 호젓이 지내시는 부모님을 떠올릴 수도 있겠죠. 부부의 모습은 어떤 시선으로 보더라도 내 이야기, 내 가족의 모습으로 겹쳐 보일 수밖에 없습니다. 사랑은 평생 우리를 따라다니는 감정이자 가족 관계의 기초이니까요.

구름 위를 걷게 해주는 호르몬

앞서 이야기했듯 사랑은 여러 호르몬의 복합적인 작용으로 탄생합니다. 이를테면 도파민은 첫눈에 반하는 사랑에 작용하고요, 옥시토신은 연인 혹은 부부 관계를 오래 유지해주지요.

그러나 사랑, 그 기나긴 여정의 전반에 영향을 미치는 호르몬은 단연 엔도르핀입니다. 도파민은 뭐고, 옥시토신은 또 뭔지, 벌써 궁금증이 생기시겠지만, 그건 차차 알려드릴게요. 엔도르핀을 먼저 살펴보면서 완전한 사랑의 이면에 숨어 있는 비밀을 알아봅시다.

엔도르핀은 사랑을 하는 동안 슬픔과 통증을 잊게 하고 쾌락과 오르가슴을 느끼게 합니다. 따라서 상대방에게 신비한 황홀감을 느낄 수 있습니다. 한마디로 콩깍지가 쓰이는 거죠.

이와 유사한 페닐에틸아민은 사랑이 깊어지면 분비되는 호르몬인데요, 수치가 높아지면 사랑하는 사람에 대한 애정과 사랑이 솟아나게 됩니다. 그래서 '천연 각성제'로 불립니다. 사랑에 빠진 사람들이 흔히 구름 위를 걷는 기분이라고 하는데, 호르몬의 특징을 생각한다면 이 표현이 크게 과장된 말은 아닌 셈입니다.

엔도르핀은 마약성 진통제로 잘 알려진 모르핀과 구조가 비슷한 호르몬입니다. 주로 시상하부에서 분비되는데, 엔도르핀과 페닐에틸아민이 부족할 시에 가장 흔히 발생하는 질병은 우울증과 만성통증입니다. 이 호르몬의 결핍이 심하면 감정을 못 느끼는 무감정증, 희소 질환인 통증을 못 느끼는 감각이상증도 유발될 수 있지요.

엔도르핀과 분만통의 관계도 흥미롭습니다. 여성이 분만 시에 겪는 진통은 여성만 느끼는 통증이자, 아마도 모든 통증 중에서 최고 수준의 통증이 아닐까 싶어요. 여성들이 이를 참아낼 수 있는 이유는 무엇일까요? 바로 엔도르핀 때문입니다. 여성이 분만할 때 분비되는 엔도르핀 덕분에 그나마 어마어마한 통증을 참아낼 수 있다고 하니, 여성의 고통과 호르몬 덕분에 우리 모두가 이렇게 숨을 쉴 수 있는 게 아니겠습니까.

'기쁘고 즐거운 일이 생기면 엔도르핀이 솟구친다'는 말을 자주 들어보셨지요? 엔도르핀은 사랑의 감정을 자극할 뿐만 아니라 인체 각 기관의 노화를 막고, 암세포를 파괴하고, 기억력을 높여주며, 인내력을 강화해주는 작용을 합니다. 다시 말해 엔도르핀이 분비되면 기쁘고 즐거워집니다. 반대로 우리가 기쁘고 즐거워하면 엔도르핀이 분비되고요. 엔도르핀과 즐거움을 선순환하는 삶을 산다면, 그보다 좋은 일은 없겠죠.

흔히들 많이 웃는 습관을 들이라고 말합니다. 억지로라도 미소를 지어보라고요. 다 이유가 있습니다. 크게 웃으면 광대뼈 주위의 근육이 자극을 받아 얼굴 근육이 함께 움직이고 광대뼈 주위의 피와 신경이 뇌하수체를 자극해 엔도르핀의 분비를 촉진하기 때문입니다. 그뿐만 아니라 광대뼈의 신경은 심장 위 흉선을 자극해 면역계의 총체라 할 수 있는 T-임파구를 활성화해줍니다. 이는 곧 면역력을 강화해 각종 질병으로부터 우리 몸을 보호해주죠.

특이한 것은 억지 웃음도 진짜 웃음과 똑같이 이로운 효과를 일으킨다는 사실입니다. 우리의 잠재의식은 웃게 되었을 때 그것이 진짜 웃음인지 억지 웃음인지 구분하지 못합니다. 즉 억지로 웃을 때도 신싸로 신니게 웃을 때와 유사한 효과를 얻을 수 있다는 건데요. 억지 웃음 역시 근육과 신체를 활성화해 엔도르핀이 나오고 면역체계가 강해지는 반응으로 이어집니다. 정말

인체의 원리란 신기하기 그지없습니다.

최근 엔도르핀의 효과보다도 천 배 이상 강한, 엔도르핀의 한 종류인 다이도르핀이라는 호르몬이 발견되었다 하니, 앞으로 이 분야의 연구가 더 진보하리라 기대합니다.

엔도르핀은 말 그대로 몸속에서 분비되는 아편입니다. 만약 의학이 발전해서 엔도르핀을 직접 제조할 수 있게 된다면 어쩌면 완벽하게 기분 좋은 감정을 만들어내는 약물이 탄생할지도 모릅니다. 굉장히 위험하면서도 매혹적인 이야기죠.

| 엔도르핀 관리에 좋은 생활 습관 |

① 장시간 운동하기

마라토너는 어느 순간 달리는 것이 어렵지 않아진다고 하죠. 엔도르핀이 분비되면서 발생하는 '러너스 하이runner's high'라는 현상입니다. 그만큼 운동 습관이 엔도르핀 분비에 도움이 되죠. 그래서 간혹 운동중독증에 걸리는 사람도 있답니다.

② 긍정적인 마음가짐

플라세보 효과와 노세보 효과, 혹시 들어본 적 있으신가요? 플라세보 효과는 의사가 처방한 가짜 약을 먹은 환자가 실제로 병증이 호전되는 현상입니다. '약을 먹었으니 나을 거야'라는 긍정적인 믿음이 치료 효과를 일으키는 거죠. 플라세보 효과는 '기쁘게 해드리겠습니다'라는 뜻을 가진 라틴어

'Placebo'에서 유래되었습니다.

반면 노세보 효과는 '두통을 유발하는 약입니다'라고 이야기하며 가짜 약을 먹였을 때 건강한 사람이 실제로 두통을 일으키는 현상입니다. '당신을 해칠 겁니다'라는 뜻의 라틴어 'Nocebo'에서 유래된 말이죠.

이 중 플라세보 효과는 엔도르핀과 관련이 있습니다. 놀랍게도 단순히 긍정적인 마음을 가지는 것만으로도 엔도르핀이 분비되어 몸을 실제로 나아지게 만든다는 거죠. 우리가 평소에 의무적으로라도 긍정적인 마음가짐을 가져야 하는 이유입니다.

③ 자주, 크게 웃기

'행복해서 웃는 게 아니라 웃어서 행복하다'라는 말이 있죠. 정말로 맞는 말입니다. 크게 웃으면 광대뼈 주변 근육이 움직이며 뇌하수체와 연결된 신경을 자극하고 엔도르핀 분비를 촉진합니다. 이렇듯 웃는 것은 행복과 건강에 큰 도움이 되지만, 엔도르핀 분비를 더욱 촉진할 수 있는 또 다른 방법이 있습니다.

첫째, 입이 찢어질 만큼 웃을 것! 크게 웃어야 눈 밑 신경을 자극해 사랑 호르몬이 분비됩니다.

둘째, 날숨으로 15초 이상 웃을 것! 처음엔 5초 이상 웃기도 벅차겠지만, 연습을 하다 보면 웃는 시간이 늘 것입니다. 그에 따라 사랑 호르몬 분비도 증가하지요.

셋째, 배가 출렁일 만큼 온몸으로 웃을 것! 혈액순환이 촉진되고 장 활동을 활성화하여 체중 감량에도 도움이 됩니다.

| 엔도르핀 관리에 좋은 식이요법 |

① 매운 음식 도전하기

매운 음식을 먹고 땀을 뻘뻘 흘리며 살을 빼는 분들이 간혹 있습니다. 칼로리가 높은 매운 음식이라면 또 다른 문제겠지만, 호르몬의 시선으로 보면 과히 틀린 것은 아닙니다. 매운 고추의 캡사이신 성분이 뇌를 자극해서 특정 호르몬 분비를 촉진하기 때문이죠.

캡사이신은 엔도르핀과 도파민을 분비시키고, 신진대사를 활발하게 해주어 지방산을 연소시키는 효과가 있습니다. 우리나라에 비만 인구가 적은 이유 중 하나가 바로 매운 맛을 좋아하는 식문화의 영향입니다. 고추는 옥시토신도 많이 함유하고 있습니다. 하지만 너무 매운 음식은 위장에 악영향을 미칠 수 있으니 조심해서 드시는 게 좋습니다.

② 초콜릿이 주는 선물

초콜릿에는 페닐에틸아민 호르몬이 많습니다. 초콜릿 100그램 속에 페닐에틸아민 50~100밀리그램 정도가 포함되어 있죠. 여성 편력으로 유명한 카사노바는 상대 여성에게 초콜릿을 선물했다고 합니다. 고대 로마 시대부터 초콜릿은 연인들끼리 애정을 표현하는 음식이었죠. 하지만 초콜릿을 먹을 때 기왕이면 살이 찌지 않도록 다크초콜릿이 좋겠죠?

미켈란젤로, 〈피에타〉, 1499

고통과 슬픔을 감싸 안는 마음

배려 호르몬, 옥시토신
아이를 출산할 때나 수유 중일 때 특히 많이 분비되는 호르몬이다. 일시적 사랑이 아닌 아가페적인 배려를 기능하게 하는 호르몬으로 알려져 있다.

그는

정호승

그는 아무도 나를 사랑하지 않을 때

조용히 나의 창문을 두드리다 돌아간 사람이었다

그는 아무도 나를 위해 기도하지 않을 때

묵묵히 무릎을 꿇고

나를 위해 울며 기도하던 사람이었다

내가 내 더러운 운명의 길가에 서성대다가

드디어 죽음의 순간을 맞이했을 때

그는 가만히 내 곁에 누워 나의 죽음이 된 사람이었다

아무도 나의 주검을 씻어주지 않고

뿔뿔이 흩어져 촛불을 끄고 돌아가버렸을 때

그는 고요히 바다가 되어 나를 씻어준 사람이었다

아무도 사랑하지 않는 자를 사랑하는

기다리기 전에 이미 나를 사랑하고

사랑하기 전에 이미 나를 기다린

아가페적 사랑은 어떻게 가능한가

시를 천천히 읽어보셨나요? 어떤 인상을 받으셨을지 궁금합니다. 시의 화자가 이야기하는 '그'가 정확히 누구인지, 어떤 관계의 사람인지 알 수 없으나 한 가지 확실한 것은 알겠네요. '그'는 육체적인 사랑도, 정신적인 사랑도 모두 뛰어넘는 그 이상의 사랑을 보여주는 인물이라는 점입니다. 숭고하달까요, 희생적이랄까요. 절대자가 보여주는 아가페적인 사랑이 엿보입니다.

여러분은 이 시의 어구처럼 '기다리기 전에 이미 나를 사랑해주는' 사람이 있으십니까? 이 질문에 금방 떠오르는 사람이 있을 수도 있고, 한참을 생각해도 떠오르는 이가 없을 수도 있겠지요. 이처럼 최고의 경지에 오른 사랑의 가치를 나눌 수 있는 사람이 있다는 건 대단히 축복받은 일일 것입니다.

이번에 소개해드릴 예술작품은 이 시가 표현하고 있는 것처럼 숭고하고 희생적인 사랑을 담고 있는 작품들입니다. 제일 먼저 미켈란젤로Michelangelo Buonarroti의 3대 조각품 중 하나인 〈피에타〉부터 살펴보시지요.

'피에타Pieta'는 이탈리아 말로 '자비를 베푸소서'라는 뜻입니다. 보시는 것처럼 아들인 예수 그리스도가 십자가에 매달려 죽은 뒤 시신을 땅에 묻기 전에 성모 마리아가 마지막으로 무릎에 예수를 올려놓고 안고 있는 모습을 표현한 것입니다. 이 조각상은 미켈란젤로가 로마에 머물던 시절인 25세 때 프랑스인 추기경의 주문으로 제작했다고 알려져 있습니다.

사실 피에타의 이 장면을 묘사하고 있는 다른 작품들이 더 있는데요, 특히 미켈란젤로의 〈피에타〉가 차별화되는 점은 그리스도의 몸을 작게 표현하고 풍성한 옷을 이용해 마리아의 무릎을 크게 돋보이게 한 점입니다. 옷이라는 소재는 〈피에타〉에서 중요한 사상적 의미를 가집니다. 옷으로 감싼다는 것은 하나님에 의해서 보호를 받고 현실적인 위협으로부터 수호되어 있는 상태를 의미한다고 하죠.

성모 마리아를 상징하는 색채는 '울트라마린'이라고 불리는 진한 파란색입니다. 하지만 미켈란젤로는 조각상에 채색하는 걸 좋아하지 않았다고 합니다. 대신 대리석을 정교하게 깎아서 우아한 옷자락을 표현했지요. 대리석 특유의 질감이 살아 있는 마리아의 옷은 그리스도를 단단하면서도 포근하게 보호하고 있습니다.

〈피에타〉는 미켈란젤로 작품 가운데 그의 이름이 기록되어 있는 유일한 작품이고, 〈다비드상〉, 〈모세상〉과 더불어 그의 3대 작품으로 꼽힙니다. 그중에서도 이 작품이 가장 완성도가 높은 것으로 평가받고 있지요.

저는 〈피에타〉를 볼 때면 '배려 호르몬'이라 불리는 옥시토신이 떠오릅니다. 마리아가 어머니로서 아들을 사랑했던 모성애, 그리스도가 인류를 사랑했던 인류애, 둘 다 조건 없는 사랑이라는 점에서 그렇습니다. 옥시토신은 우리 인체와 정신에 아가페적인 봉사와 희생의 마음을 불러일으키는 호르몬이거든요.

여성을 엄마로 바꾸어주는 것

〈아기의 첫 손길〉은 19세기 미국 인상주의 화가 메리 카사트Mary Cassatt의 작품입니다. 이 그림에서 〈피에타〉의 잔상을 발견하는 건 저만이 아니겠지요? 어떤 사람들은 카사트의 그림이 전근대적인 여성상을 보여준다고 이야기합니다. 하지만 정작 카사트는 가정과 직업이 양립할 수 없다고 보고, 평생 독신으로 살며 작품 활동에 매진한 주체적이고 진보적인 화가였죠. 아이를 낳고 길러본 적은 없었지만, 자기 어머니와 조카들을 보며 모성애가 진정으로 위대하다고 생각했고, 그 마음을 그림에 표현했던 것이지요.

이 작품에서 어머니와 아이는 그윽하고 따뜻한 시선으로 눈을 맞추고 있습니다. 이런 순간에 옥시토신이 분비됩니다. 밤새 아이가 울어댄 탓에 한숨도 못 자서 피곤한데, 아이가 싱긋 웃는 얼굴에 그만 미소가 지어졌던 기억이 있으신지요? 그 넓은 마음에는 옥시토신의 영향도 있었을 겁니다. 옥시토신이 분비되면 상대방에게 감사하는 마음이 생깁니다. 상대방을 위해 희생까지 감수하게 만듭니다. 어머니가 산후에 몸을 빠르게 회복하고 모성이라는 본능을 만들기도 하고요. 어머니를 단지 생물학적인 어머니가 아니라 감정적이고 정신적인 차원에서 어머니로 만들어주는 호르몬이라고 할 수 있겠지요.

어머니의 턱을 만지는 아이의 첫 손길과 서로를 쳐다보는 따뜻한 눈길에서 사랑한다는 말보다 몇 배는 더 애틋한 감정이 느껴집니다. 어머니는 어젯밤 잠을 설치게 만든 아이의 울음소리도 전부 잊은 듯이 보이네요.

사랑의 또 다른 이름, 배려

배려를 느낄 수 있는 두 작품을 소개합니다. 칸딘스키와 마티스의 작품입니다. 서정적 추상주의의 창시자로 널리 알려진 칸딘스키Wassily Kandinsky는 선과 색채의 독립성, 그리고 내면적이며 본질적인 감성을 나타내는 순수한 표현양식을 추구한 작가입니다. 기하학적 경향을 가진 몬드리안과 정반대되는 예술세계를 구축했다고 평가받습니다. 이 작품 또한 선과 면의 구부러짐을 표현하여 색채 대비가 확실하게 드러나는 그림이죠.

칸딘스키 그림에서 보이는 서로 간의 조화를 보면 모든 감정들이 하나로 승화된 느낌이 들어요. 미술작품에서는 이를 '조화'로 볼 수 있지만 우리네 삶으로 들여다보면 '배려'가 됩니다. 이 배려는 칸딘스키의 그림처럼, 혹은 폭죽 터지는 축제의 느낌처

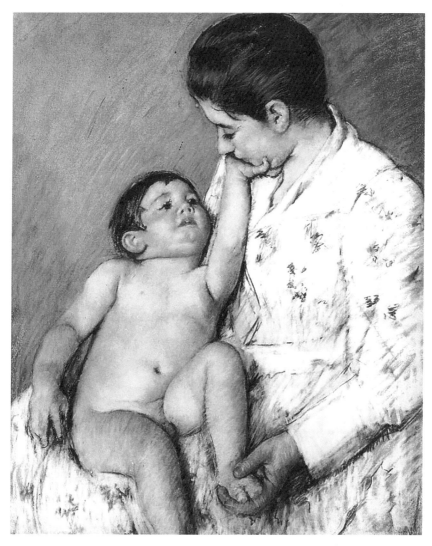

메리 카사트, 〈아기의 첫 손길〉, 1891

바실리 칸딘스키, 〈서로의 조화〉, 1942

럼 희열과 극치를 상대방에게 선사하지요. 하지만 상대방보다 더 큰 기쁨을 받는 쪽은 바로 '나'입니다. 배려는 받는 쪽보다 주 는 쪽이 더욱 큰 기쁨을 느끼거든요.

앙리 마티스Henri Matisse는 피카소와 함께 20세기 최고의 화 가로 꼽힙니다. 그는 20세기 초반의 모더니즘 예술에서 잠시 나 타났던 미술사조, 즉 야수파의 창시자입니다. 20세기 미술은 반

자연주의를 기조로 하여 혁신적 유파와 사조들이 어지럽게 뒤바뀌는 양상을 띠었지요. 그 발단이 야수파에서 비롯되었고, 그 선봉에 앙리 마티스가 있었습니다.

우리의 마음은 하나가 아닐 때가 많습니다. 여러분은 늘 '모 아니면 도'가 되던가요? 그렇지 못할 때가 더 많지요. 이쪽도 저쪽도 아닌 것 같은 때가 있는가 하면, 이쪽과 저쪽 둘 다인 것 같을 때도 많습니다. 사람은 이처럼 애정과 증오, 독립과 의존, 존경과 경멸 등 완전히 상반된 양가감정을 동시에 갖기도 합니다. 그럴 때 우리 마음은 어디에도 안착되지 못하고 배회하며 혼란스러운 시간을 보내기도 하지요.

그런 사람들에게 상반된 색채 이미지를 하나의 화면에 균형 있게 구성한 이 그림은 자기 인식을 통해 드러난 여러 층위의 마음을 보여줍니다. 왼쪽을 보면 자유로운 초록색 위에 검은색이 경직되게 자리잡았지요. 자아에게 붙어 있는 욕심과 고뇌 등 힘든 마음을 대변합니다. 오른쪽을 보면 맨 뒤에는 검은색이지만 그 위에는 분홍색과 흰색, 붉은색을 쌓아 올려 긍정적인 심상을 보여줍니다.

마티스의 〈마음〉을 보면 '배려란 무엇일까' 하는 질문을 던지게 됩니다. 그러면서 '배려란 안성맞춤으로 딱 들어맞는 마음'이라고 제 나름의 정의를 내려봅니다. 그림 속 종이의 모양이 서로 어긋나 있는 것이 보이지요? 이것이 마음을 받는 사람과 주

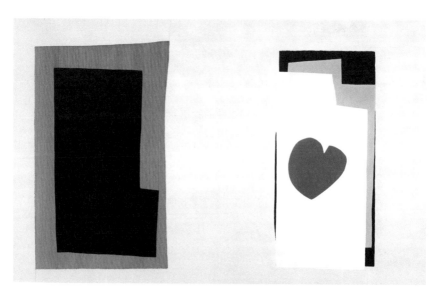

앙리 마티스, 〈마음〉, 1947

는 사람의 초점이 어긋남을 의미한다면 혹시 이는 사랑의 불시
착이 아닐는지요. 하지만 가운데 자리한 붉은 하트는 반대로 진
심을 의미할 거라 봅니다. 설령 초점이 조금 어긋나더라도 진심
만 있다면 배려의 의미는 충분히 전해질 수 있으니까요.

사랑의 유통기한은 몇 년일까?

고슴도치도 제 새끼는 예뻐한다는 이야기, 많이 들어보셨지요?
끈끈한 애착 관계를 유발하는 옥시토신의 힘은 인간이든 동물이든 예외가 없습니다. 출산한 여성의 자궁을 수축시켜 원래 상태로 돌려주는 것도, 분만 시 출혈을 멎게 해주는 것도 옥시토신 덕분입니다. 또 면역력과도 관련되어 있다고 하지요. 옥시토신은 시상하부에서 만들어지고 뇌하수체 후엽에서 저장 및 분비됩니다. 배려, 사랑, 교감과 소통, 심지어 면역과도 관련이 있다고 알려져 있습니다.

〈사이언스 데일리〉에 따르면, 통계적으로 사람이 첫눈에 반하는 데 걸리는 시간은 0.1초라고 합니다. 그야말로 눈 깜짝할 사이죠. 이성적이고 논리적인 사고 없이 '어?' 하는 사이에 빠져드는 사랑의 비밀은 바로 도파민입니다. 연애 초기에 사랑하는 사람 얼굴만 떠올려도 괜히 기분이 좋아져서 웃게 되지요? 도파민의 힘입니다. 옥시토신 역시 도파민처럼 사랑에 큰 기여를 하는 호르몬이지만, 성격이 조금 다릅니다.

옥시토신은 두 사람의 관계가 더 깊어지도록, 더 오래 지속되도록 도와주는 호르몬입니다. 〈캘리포니아 드리밍California Dreamin'〉이라는 주제가로 유명한 영화 〈중경삼림〉에는 이런 대사가 나옵니다. "만약 사랑에도 유통기한이 있다면 나의 사랑은 만년으로 하고 싶다." 분위기를 깨는 말일지 모르겠지만, 옥시토신이 왕성하게 분비된다면 가능한 이야기일지도 모릅니다. 옥시토신이 사랑의 유통기한을 결정하니까요. 이런 점에서 연인 관계보다 부부 관계에서 그 중요성이 더욱 주목받는 호르몬이라고 할 수 있겠습니다.

도파민은 체내에서 과도하게 분비되면 행동 조절이 어렵게 되고 통제 불능의 상황에 빠지게 되며, 심하게는 자기 자신의 파멸로 이어질 수 있어 조심해야 합니다. 반면, 옥시토신은 많이 분비될수록 긍정적인 효과가 배가되어 서로에 대한 애정이 깊어지고 좋은 부부관계를 오래 유지할 수 있게 됩니다. 옥시토신은 상대방과 하나되는 느낌을 줍니다. 포옹이나 키스 등 스킨십을 하면 더 많이 분비되니, 관계를 지속하려면 스킨십을 일상적으로 자주 해주는 게 좋겠죠.

그럼, 이런 질문도 생깁니다. '부부나 연인 사이에 나타날 수 있는 권태기나 바람기도 호르몬의 영향 때문일까요?' 이에 대해 아주 재밌는 연구 결과가 있습니다.

평생 순정을 지키며 오직 단 하나의 암컷만을 사랑하는 동물이 있습니다. 초원들쥐가 그 주인공인데요. 초원들쥐의 수컷들은 특정 짝짓기 상대와 평생 짝짓기를 할 뿐만 아니라, 일단 짝을 만난 이후에는 다른 암컷이 접근할 경우 공격까지 하는 매우 특이한 행동을 보입니다. 호기심 많은 내분비학자들과 신경과학자들이 이에 관심을 갖고 연구해보니, 원인이 옥시토신과 바소프레신 때문이라는 걸 알게 됐습니다.

옥시토신은 주로 암컷에 영향을 주고, 바소프레신은 수컷에 영향을 많이 주는 호르몬인데요. 초원들쥐 수컷은 이들의 사촌

격인 목초지들쥐 수컷보다 바소프레신 수용체가 유전적으로 다를 뿐만 아니라, 뇌에서 분비되는 바소프레신의 양도 훨씬 많은 것으로 밝혀졌습니다. 바소프레신이 적은 목초지들쥐 수컷들은 초원들쥐와는 달리 많은 암컷과 짝짓기를 하는 바람둥이로 유명합니다.

인간도 바소프레신 관련 유전자에 따라 바람둥이가 되거나, 아니면 순정을 지키는 남편이 되는지가 판가름난다는 사실이 밝혀졌습니다. 스웨덴 연구진이 아내 또는 애인과 5년 이상 관계를 유지해온 남성 쌍둥이 2천여 쌍을 조사해보았답니다. 그 결과, 바소프레신의 흡수를 조절하는 변이 유전자를 두 개나 가진 남성의 경우 아내나 애인과 사이가 좋지 않은 비율이 두 배나 높게 나타났습니다. 즉, 유전적으로나 환경적으로 거의 동일하게 성장한 쌍둥이 중에서 바소프레신을 잘 분비하지 못할 쪽은 비교적 순정적이지 않다는 의미입니다.

사실 이 연구 결과만을 놓고 보면, 유전자 파악을 통해 개인의 바람기 정도를 예측할 수 있는 수준은 아니랍니다. 하지만 연구진은 이미 연인과 헤어진 남성을 포함해 연구 대상을 확대할 경우 이런 경향이 더욱 두드러지게 나타날 것으로 예측했지요. 이에 대한 연구가 더 진척된다면 앞으로 결혼 전에 '바람둥이 유전자 검사'를 하는 일이 유행이 될지도 모르겠네요.

부부 혹은 연인 관계에서 자연스러운 스킨십, 포옹 등의 신체

접촉은 호르몬 분비에 많은 도움이 됩니다. 하지만 내키지 않음에도 억지로 만지는 것은 효과가 없다는 거 아시죠? 진심으로 좋아하는 마음, 배려의 마음이 기초가 되어야 합니다. 좋은 감정이 형성되어 있을 때는 눈빛, 시선 교환만으로도 옥시토신이 분비될 수 있다고 합니다. 좋아하는 강아지들을 바라보기만 했는데도 옥시토신이 분비되었다는 흥미로운 연구 보고도 있을 정도니까요.

결론부터 말하면, 옥시토신과 바소프레신을 증가시키는 음식은 아쉽게도 없습니다. 옥시토신과 바소프레신을 늘리는 유일한 방법은 사랑하는 이와의 긍정적인 관계뿐입니다.

사람들 간의 관계에서도 옥시토신은 중요하지만, 무엇보다 옥시토신을 잘 관리해주어야 하는 사람은 아이를 가진 임산부입니다. 임신 3개월 정도부터 옥시토신은 왕성하게 분비되기 시작하고, 출산 당시에 폭발적으로 분비됩니다. 출산 이후 아기와 함께 하는 대부분의 행동이 옥시토신 분비를 촉진합니다. 함께 노래를 부르거나 목욕을 하고 밥을 주는 등의 행동에서도 그렇지만, 특히 모유 수유에서 더욱 많이 분비됩니다.

모유 수유가 아이 성장과 면역력 강화에 도움이 된다는 이야기가 있죠. 실제로 모유는 아이를 위한 이상적인 음식이라고 합니다. 세계보건기구WHO와 미국소아과의사아카데미AAP 역시 모유 수유를 적극 권장하고 있습니다. 모유에 지능과 신체 발달에 필요한 영양소와 면역 성분이 많이 함유돼 있고, 모유 수유를 하는 동안에 엄마와의 피부 접촉이 아이의 유대 관계 형성, 정서 발달, 사회성 발달 등에 도움을 주기 때문이죠. 산모에게도 여러 장점이 있습니다. 모유 수유가 옥시토신 분비를 촉진하면서 유방암, 난소암 위험률을 낮추고 산후 우울증과 산후 비만을 예방해줍니다. 모유 수유를 하는 산모는 산후 회복도 빠른 편입니다.

| 옥시토신 수치를 간접적으로 높여주는 5가지 방법 |

① 비타민 섭취
비타민C와 비타민D는 옥시토신 합성에 필요한 비타민입니다. 10분 정도만 햇빛을 쐬며 운동을 하면 비타민D는 자연적으로 생성됩니다. 외출이 어려운 상황이라면 따로 섭취해주는 것도 괜찮습니다. 비타민C는 우울감을 감소시키고 정서적인 안정을 가져다줍니다. 오렌지, 키위, 케일, 딸기 등의 과일과 채소에 많이 함유되어 있습니다.

② 요가, 명상, 음악, 반신욕 등의 활동
스트레스는 옥시토신 분비를 떨어뜨리는 주요 요인입니다. 그러니 몸과 마음을 이완해주고 스트레스를 떨어뜨리는 활동들이 옥시토신 분비에 도움이 된다고 할 수 있지요. 긴장되어 있는 몸을 풀어주고 마음을 평온하게 만들어주는 활동을 권해드리고 싶네요.

③ 스킨십
좋아하는 사람이나 반려동물과의 신체적인 상호작용은 옥시토신 분비를 크게 촉진합니다. 옥시토신 분비가 더 긍정적인 감정으로 이어질 수 있으니, 스킨십은 여러모로 사랑에 도움이 된다고 볼 수 있습니다.

④ 캐모마일

캐모마일은 진정 작용이 있어 불안감을 누그러뜨리고, 숙면을 취하는 데도 도움이 됩니다. 옥시토신 분비를 위해 캐모마일차를 마시면 좋습니다. 캐모마일에는 항산화 성분이 있어 면역력 발달에도 도움이 된다고 합니다.

⑤ 감정 표현

친구들과 수다를 떤다거나 영화나 스포츠경기를 보며 웃고 우는 등 자신의 감정을 표출할 수 있는 활동들은 옥시토신 분비를 돕습니다. 스트레스를 날려주고 감정적인 유대감을 느낄 수 있게 해주기 때문이지요. 일상적으로 감정을 풍부하게 표현하시기를 바랍니다.

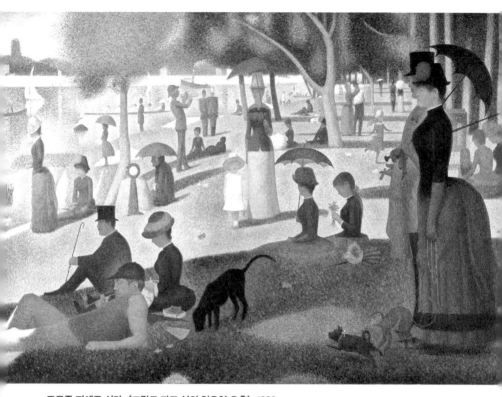

조르주 피에르 쇠라, 〈그랑드 자트 섬의 일요일 오후〉, 1886

행복 호르몬이
흘러나오는 풍경

**행복 호르몬,
세로토닌**

뇌에서 분비되는 신경전달물질로, 광범위한 감정에 영향을 미치는 것으로 알려져 있다. 특히 우울감을 완화하고 행복감을 불러일으키는 역할을 한다.

일요일 오후, 행복 호르몬을 만드는 시간

일요일을 어떻게 보내시나요? 다음 날이면 월요일이 온다는 압박감에 일요일을 마음 편하게 보내지 못하는 분들이 많더군요. 집에 숨어 있다고 해서 월요일이 늦게 오는 건 아니니까, 날씨를 보고 산책을 다녀오시는 건 어떨까 싶습니다. 나갈 때는 귀찮지만, 막상 나가면 기분이 한결 경쾌해질 거라고 생각합니다.

입구에 걸려 있는 작품은 아마 친숙하실 것 같아요. 프랑스 화가 조르주 피에르 쇠라Georges Pierre Seurat의 〈그랑드 자트 섬의 일요일 오후〉입니다. 그랑드 자트 섬은 파리 근교 센강 주변에 있는 기다란 섬입니다. 1884년 당시 파리 사람들의 휴양처였던 이곳을 그린 작품을 보면서 저는 '여유롭다', '눈부시다', '평온하다' 같은 단어를 떠올리게 되더군요.

가로 3미터, 세로 2미터가 넘는 이 거대한 작품은 반짝이는 햇빛, 영롱한 채광의 표현이 인상적인데요. 그랑드 자트 섬에서 맑게 갠 여름날 일요일 오후를 느긋하게 보내고 있는 사람들 모습을 담고 있습니다.

19세기 후반, 눈부신 경제 성장을 이룬 덕분인지 파리의 분위기는 넉넉함과 여유가 흘렀고 곳곳에서 여가를 즐기는 사람들이 많았던 시기이기도 합니다. 교통의 발달로 파리 교외 지역은 대규모 별장 지대가 되었고, 주말에는 이러한 교외 지역으로 여가를 떠나는 사람들이 많이 늘어났습니다. 그림에도 당시 유행한 옷을 입고 산책과 소풍을 즐기는 부유층들의 모습이 한눈에 보이지요. 그림 속에는 잔디 위에 앉아 있는 사람, 배 타는 사람, 강을 바라보는 사람 등 모두 48명이 등장한다고 합니다.

쇠라는 '공증인'이라 불릴 정도로 반듯하고 빈틈이 없는 성격이었다고 합니다. 이런 그의 성격이 작용했던 것일까요. 이 그림에서 볼 수 있듯 점묘법을 이용해 풍경을 묘사했습니다. 점묘법이란 붓으로 선을 그리는 게 아니라 점을 찍어서 색을 표현하는 기법이지요. 이 작품에서 햇살 표현이 이토록 눈부신 것도 캔버스 위에 일일이 손바느질하듯이 점을 찍어서 색색의 점들을 대조시켜 대상을 묘사했기 때문입니다.

무수한 점을 찍어서 색채를 드러내려면 엄청난 인내심과 과학적 방법이 필요했겠죠. 쇠라는 한 점의 유화작품을 완성하기 위해 짧게는 1년에서 길게는 수년에 걸쳐 공을 들였다고 합니다. 쇠라는 25세에 자신만의 예술세계를 물씬 녹여낸 〈그랑드 자트 섬의 일요일 오후〉를 완성했습니다. 32세의 이른 나이에 요절하기 전까지 점묘법에 무한한 열정을 쏟았습니다. 아쉽게도 쇠라가 남긴 순수 유화작품은 일곱 점밖에 없다고 합니다. 짧은 활동 기간과 오랜 시간이 소요되는 점묘법의 특성 때문이겠지요.

쇠라를 비롯한 신인상주의 화가들은 인상주의의 충동성과 직관성을 너무 낭만적으로 생각하고 인상주의 스타일을 좀 더 세

런된 방식으로 승화시켜 회화에 질서와 체계를 부여하고 싶어 했습니다. 대부분 화가들이 직감과 주관을 표현하려 했다면, 쇠라는 선과 색을 과학적으로 해석하고 작업한 특별한 화가였지요. 그는 색채학과 광학 이론을 연구하여 그것을 창작에 적용해 점묘법을 발전시켜 순수색의 분할과 색채 대비로 신인상주의를 구현하는 작품을 그렸습니다.

폴 세잔과 더불어 20세기 회화의 새로운 장을 연 쇠라는 이 그림을 통해 캔버스 위에 자연의 빛을 점묘법으로 잘 담아냈지요. 화폭에서 어우러지는 색점의 하모니가 고단함을 인내한 후 비로소 평안한 오후를 즐기는 치유의 시간을 허락하는군요.

평온한 휴일의 안온함이 물씬 느껴지는 이 그림을 잠시 감상해보세요. 그가 만들어낸 눈부신 햇살과 일요일 오후의 풍경을 보고 있노라면 저는 따뜻하고 아늑함을 선사하는 호르몬이 생각납니다. '행복 호르몬'이라고 불리는 세로토닌 말입니다. 세로토닌에 대해선 행복한 그림 몇 점을 더 살펴본 뒤에 다시 이야기하겠습니다.

푸른빛이 만발하는 여행

일상이 갑갑할 때 최고의 스트레스 해소법 중 하나가 여행입니다. 잿빛 도시에서 벗어나 탁 트인 하늘과 푸르른 바다를 볼 때

앙리 마티스, 〈폴리네시아 하늘〉, 1946

면 마음이 뻥 뚫리고 온갖 번민도 다 날아갈 듯합니다. 앙리 마티스의 〈폴리네시아 하늘〉과 〈폴리네시아 바다〉를 보고 있으면, 청록빛 바다 위에 누워서 화창한 하늘을 바라보고 있는 듯한 기분이 듭니다.

여러분들은 이 그림을 보며 어떤 감정을 느끼셨나요? 파란색이 주는 청량감이 무언가 자유로운 느낌을 주지 않나요? 마티스는 하늘과 바다라는 공간 자체를 표현하기 위해 파란색을 다양하게 변주했습니다. 하늘은 좀 더 채도가 높은 파란색을 사용하

앙리 마티스, 〈폴리네시아 바다〉, 1946

여 밝고 경쾌한 느낌을 주었고, 바다는 그보다 채도가 조금 낮은
파란색을 써서 심해의 어두운 부분과 바다의 짙푸름이 연상되
도록 했습니다.

　직관적으로 보면 하늘에는 큰 새들이 날아다니는 듯하고 바다
에는 물고기, 바닷가재, 해초들이 떠다니는 것 같습니다. 과슈 물
감으로 푸르른 풍경을 묘사하고 그 위에 하얀 종이를 오려 붙여
서 생명이 약동하는 모습을 담아냈습니다. 마티스가 이 작품들
에서 종이를 오려 붙이는 기법을 활용한 이유는 노년의 지병으
로 인해 붓을 들기 힘들어졌기 때문이라고 해요. 육체적인 어려

움 속에서 탄생했다고는 믿기지 않을 정도로 아름답지 않나요?

마티스는 종이를 오려 붙이기 전 사물의 가장 본질적인 특징을 파악하기 위해 300마리가 넘는 새를 관찰했고, 형태 하나를 완성하기 위해 200번이나 드로잉을 했다고 합니다. 그런 노고를 통해 탄생한, 세상에서 가장 경쾌하고 단순화된 형태들이 우리의 눈을 더없이 시원하게 해줍니다.

앙리 마티스가 이끌었던 야수파는 본래 충격적인 색감과 형태로 '마치 짐승과도 같다'는 평을 들으며 야수파라는 이름을 얻었습니다. 그렇기에 '마티스' 하면 알록달록하고 화려하며 일견 무게감 강한 색채들이 떠오를 것입니다. 화려한 색채들이 미친 듯이 날아다니는 마티스만의 화폭은 보는 이들의 열정마저도 잡아먹을 듯 강렬했었죠. 하지만 이 두 작품은 마티스의 다른 작품과는 달리 청량하고 평온한 감상을 선사합니다. 답답한 가슴이 뻥 뚫린 듯, 구속된 감정들이 해방을 맞은 듯 시원하기 그지없습니다.

〈폴리네시아 바다〉에서도 바다 생물과 새들이 함께 모여 있습니다. 바다를 소재로 삼아도 새를 그려 넣은 것은 바다와 하늘이 하나이고, 자연은 결국 하나로 엮여 있음을 형상화하려는 의도겠지요. 여러 생각과 감상들을 단순화시킨 이 그림은 평화롭고 조화로운 세상이 우리 앞에 펼쳐져 있노라 말해주고 있는 것 같아요.

붉은빛 리듬이 춤출 때

칸딘스키의 독특한 작품을 소개해드리기 전에, 먼저 그의 극적인 삶을 간단하게 이야기해드리고 싶습니다. 1866년 러시아 모스크바에서 태어난 칸딘스키는 모스크바대학교에서 법학과 경제학을 공부했고, 30세에 이미 성공적인 법학자로 자리를 잡고 있었습니다.

법학자의 길을 걷고 있던 그에게 일생일대의 변화를 몰고 온 사건이 발생합니다. 독일 낭만주의 작곡가 리하르트 바그너의 오페라 〈로엔그린〉 공연이 1895년 모스크바에서 열렸는데, 이때 오페라 공연을 본 칸딘스키는 엄청난 감동을 받게 되었지요. 당시 그는 바그너의 음악을 감상하면서 선과 색 같은 회화적인 영감을 얻었다고 합니다. 결국 그는 대학교에서 제안한 법학과 교수직을 거절하고 화가의 길을 걷기로 결심합니다.

칸딘스키는 색채와 형태가 그들만의 리듬을 가지고 있을 뿐만 아니라 음악처럼 정서적인 힘도 가지고 있음을 발견합니다. 그는 이 점을 착안해서 청각적 리듬을 시각적으로 나타내고, 음악의 순수화음을 색채의 조화로 표현하고자 했습니다. 많은 작품에서 칸딘스키는 음악과 관련이 깊은 제목이나 구성 방식을 활용했지요.

이 그림은 칸딘스키가 스스로 "지친 체력에 에너지를 높여주

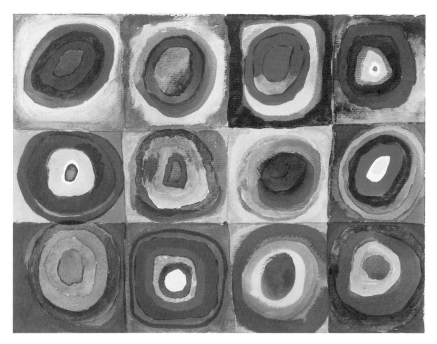

바실리 칸딘스키, 〈색채 연구: 동심원들과 정사각형들〉, 1913

는 그림"이라 정의한 작품입니다. 열두 개의 사각형 안에 놓인
다채로운 빛깔의 동심원은 다양한 리듬과 멜로디를 만들어내며
마치 잘 구성된 실내악의 조화로운 화음을 연상시킵니다.

　모든 사각형 안에 공통으로 들어가는 색이 어떤 색인가요? 맞
습니다 에너지를 상징하는 빨강입니다. 전신을 자극하는 빨간
색이 체력과 정신적인 에너지까지 높여주는 듯하네요. 사각형
이 원이 되는 순간에, 그리고 빨간색이 파란색으로 동화되는 순

간에 서로 닮아가는 배려가 탄생되는 것 같습니다. 빨간색의 의미와 파란색의 의미는 본질적으로 다르겠지만, 서로 닮아간다는 것은 서로 이해한다는 것이지요.

원은 시작과 끝이 없는 선을 이룬다는 점에서 영원을 상징하기도 하지만, 공간을 둘러싸서 그 안에 있는 것들을 보호해준다는 의미도 갖고 있습니다. 도형들의 색채를 따라가다 보면 우리 자신의 내면 속으로 돌아가려는 욕구, 혹은 참된 내면과 만나려는 욕구가 충족되는 것 같습니다.

그림을 보면 각 원 안에 강한 난색이 활용되고 있습니다. 빨간색은 시신경을 자극해서 아드레날린을 분비시켜 혈액순환을 촉진하고, 혈압과 체온을 상승시키게 됩니다. 게다가 기분까지 상승시키는 효과가 있습니다. 파란색이나 녹색은 진정 작용을 보인다고 하니, 두 종류의 색채가 조화롭게 어우러진 칸딘스키의 그림은 우리 몸과 마음의 건강을 선물처럼 전해주는 것 같아요.

칸딘스키의 붉은 동심원을 보고 기분이 좋아지거나 약간의 에너지라도 느껴진다면 여러분들의 몸에서 세로토닌 분비를 기대해볼 수 있을 겁니다.

햇빛이 주는 세로토닌이라는 선물

세로토닌serotonin은 원래 영어로 세럼Serum, 즉 혈장에서 발견

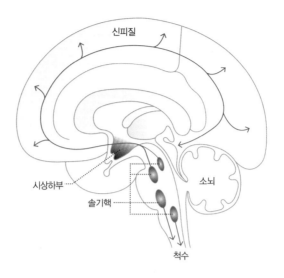

세로토닌 경로 뇌간의 중심부를 따라 흩어져 있는 솔기핵에 세로토닌을 합성하는 신경세포가 위치한다. 솔기핵의 신경은 척수와 뇌 전반으로 뻗어 있다. 세로토닌은 척수에서는 감각과 통증 신호를 조절하고, 뇌에서는 감정과 각성 상태에 관여한다.

된 혈관을 수축시키는 물질이라는 뜻에서 유래한 이름이에요. 세로토닌은 두 가지 이유로 '지휘자 호르몬'이라는 별명을 가지고 있습니다. 하나는 '두뇌'라는 복잡한 오케스트라를 조율하기 때문이고, 다른 하나는 '삶'이라는 그보다 더 복잡한 오케스트라를 지휘하기 때문입니다.

삶에서 중요한 것은 무엇일까요? 가족, 돈, 명예, 권력 등 여러 대답이 있겠지만, 그중 가장 궁극적인 것을 꼽자면 행복일 겁니다. 세로토닌은 바로 행복을 담당하는 행복 호르몬입니다. 세로토닌 신경은 뇌줄기 한가운데에 있는 솔기핵에 위치하는데, 그 수는 수만 개입니다. 뇌 전체 신경세포 수가 약 150억 개에 이른다는 점에서 아주 적은 수이지만, 세로토닌이 미치는 영향력은 어마어마합니다.

먼저 세로토닌이 마음 상태에 미치는 영향을 살펴보죠. 마음 상태는 크게 세 가지 신경에 의해 조절됩니다. 쾌락과 정열, 긍정적인 마음, 성욕과 식욕 등을 관장하는 도파민 신경. 불안, 부정적 마음, 스트레스 반응 등을 관장하는 노르아드레날린 신경. 그리고 두 신경을 억제하여 너무 흥분하지도, 너무 불안하지도 않게 조절하는 세로토닌 신경. 이 세 가지 신경이 서로 영향을 주고받으며 마음 상태가 형성됩니다. 그중 세로토닌 신경이 잘 활성화되는 사람은 평소에 평정심을 잘 유지하는 경향이 있습니다.

세로토닌은 대뇌피질에도 영향을 미쳐 이른바 '조용한 각성 상태'를 일으킵니다. 이는 스트레스를 받을 때 나타나는 각성 상태가 아니라 명상을 할 때 느낄 수 있는 각성 상태입니다. 세로토닌의 각성 상태는 자율신경에도 영향을 미칩니다. 마치 차 엔진에 시동을 걸듯 몸을 준비 상태로 만드는 것이지요. 세로토닌이 잘 분비되어야 아침을 더 상쾌하게 맞을 수 있습니다.

세로토닌이 부족하면 불안, 우울, 강박, 스트레스가 찾아옵니다. 편두통, 기능성 소화장애, 과식, 과음 등을 초래하고, 성 기능에도 영향을 미쳐 남성에게 발기부전과 조루증을 유발할 수 있습니다. 여러 정서 행동 및 성격장애 또한 세로토닌과 관련돼 있습니다. 한 연구 결과에 따르면, 남의 권리를 무시하거나 침해하고, 심지어 남을 해치는 행동을 보이는 반사회적 성격장애 환자들은 세로토닌 활동 수준이 평균보다 훨씬 저하되어 있다고 합니다.

반대로 세로토닌이 과다 분비되는 경우, 스트레스 상황에서 통제력을 잃어버리는 분노조절장애를 보일 수 있습니다. 이 밖에도 세로토닌 균형이 무너지면 불안장애, 공황장애, 강박장애, 거식증, 경계선 성격장애 등으로 이어질 수 있습니다.

세로토닌은 이토록 중요하지만, 생각보다 관리하는 방법은 쉽습니다. 날씨가 좋은 날에 바깥에 나가 햇빛을 쐬어주면 끝입니다. 세로토닌은 일조량에 비례해서 분비되기 때문인데요. 그야말로 햇빛은 행복을 보충해주는 공짜 영양제인 셈입니다. 피할 이유가 없겠죠? 마음이 가라앉고 몸이 처지는 기분이 든다면 당장 집에서 나와 햇빛 아래 산책하기를 권합니다.

필수 아미노산인 '트립토판'은 세로토닌의 전구물질입니다. 쉽게 말해서 트립토판을 통해 세로토닌이 합성된다는 건데요. 트립토판은 우리 몸속에서 스스로 합성되지 않기 때문에 생활 습관과 식이요법으로 보충해주어야 합니다.

재밌는 연구 결과가 있습니다. 네덜란드 레이던대학교 연구팀이 16명씩 두 그룹으로 나누어 한 그룹에는 트립토판이 들어간 오렌지주스를, 다른 그룹에는 아무것도 안 들어간 오렌지주스를 마시게 했습니다. 그 후 그들을 대상으로 기부금을 모금했는데요, 결과는 어떻게 되었을까요? 트립토판을 먹은 그룹이 그렇지 않은 그룹보다 두 배 이상 기부금을 더 냈다고 합니다. 트립토판으로 생성된 세로토닌이 마음의 여유를 갖게 해주었기 때문이지요.

| 세로토닌 균형을 맞춰주는 8가지 비법 |

① 트립토판이 함유된 음식 먹기

체내 세로토닌의 약 80퍼센트는 소화기관에서 만들어집니다. 그만큼 먹는 것이 중요하다는 얘기인데, 특히 세로토닌의 재료가 되는 트립토판 성분이 많이 든 음식을 챙겨 먹어야겠죠. 대표적인 음식으로 붉은 고기, 치즈·요구르트 등 유제품, 견과류, 바나나, 조개류, 현미 등이 있습니다.

② 관자놀이와 미간을 가볍게 마사지하기

관자놀이나 미간을 부드럽게 마사지하면 세로토닌이 분비됩니다. 세로토닌은 식욕을 감소시키는 기능이 있는데요. 이와 관련된 연구 결과가 있습니다. 미국 세인트루크병원에서 비만 남녀 55명을 대상으로 이마를 마사지하게 하는 연구를 진행했습니다. 그 결과, 이마를 마사지한 그룹은 그렇지 않은 그룹에 비해 식욕이 10퍼센트 이상 감소했다고 합니다. 이마 마사지가 세로토닌 분비를 촉진했기 때문이죠.

③ 4-7-8 호흡법과 명상하기

숨을 천천히 쉬거나 한숨을 깊게 내쉬는 활동, 생각을 비우는 명상 등은 모두 세로토닌 분비량을 늘립니다. 4초간 숨을 들이마시고, 7초간 숨을 멈추었다가, 8초간 입으로 숨을 내뱉는 '4-7-8 호흡법'이 큰 도움이 될 겁니다. 명상할 때는 한 가지 단어를 생각하거나 해변이나 숲처럼 평화로운 광경을 머릿속으로 그려봅니다. 잔잔한 음악과 함께 한다면 더욱 효과적이겠죠.

④ 하루 30분 이상 햇볕 쬐며 걷기

낮에는 하루 30분 이상 햇볕을 쬐어야 체내 세로토닌 분비량을 부족하지 않게 유지할 수 있습니다. 가만히 있기보다는 산책이 좋습니다. 땅을 밟으며 걷는 행위가 세로토닌 분비를 촉진하기 때문입니다.

⑤ 아침 식사는 탄수화물 위주로 간단히 하기

트립토판은 우유나 달걀 등 단백질 식품에 다량 함유돼 있습니다. 그렇지만 단백질 식품을 많이 먹는다고 해서 세로토닌 농도가 바로 높아지는 건 아닙니다. 오히려 탄수화물이 세로토닌 농도를 더 빠르게 높여줍니다. 하루 첫 끼를 건강한 탄수화물 식단으로 먹는다면, 식후 2~3시간 후에 체내 세로토닌 양이 증가하기 때문에 하루를 긍정적으로 보내는 데 큰 도움이 됩니다.

⑥ 장 건강 챙기기

우울증 환자는 변비, 설사 등 장 질환을 함께 가지고 있는 경우가 많습니다. 우울한 사람일수록 장 건강이 좋지 않고 장내 유해균이 많습니다. 체내에 세로토닌은 약 10밀리그램 정도 있는데, 그중 80퍼센트는 장에 있습니다. 또 프로바이오틱스의 도움을 받아 세로토닌으로 전환되는 물질인 5-HTP 역시 장에서 많이 발견됩니다. 즉 장내 유익균이 많을수록 뇌에서는 그만큼 많은 양의 세로토닌이 생성될 수 있다는 거죠. 김치나 요구르트와 같은 발효식품, 프로바이오틱스 건강 기능 식품 등을 평소에 잘 챙겨 먹도록 합니다.

⑦ 흰쌀밥이 아니라 현미밥

비타민B6는 세로토닌을 합성하는 데 필요한 조효소입니다. 쌀에는 비타민B가 풍부한데, 백미는 쌀의 영양분이 집약된 쌀겨 부분을 벗겨내었기 때문에 비타민B가 거의 없습니다. 이와 달리, 현미에는 비타민B6가 많을 뿐만 아니라 니아신, 엽산 등 세로토닌 합성을 돕는 성분이 많으므로 흰쌀밥 대신 현미밥을 섭취하는 게 좋습니다.

⑧ 하루를 규칙적으로 보내기

세로토닌은 눈의 망막에 햇빛이 감지되어야 분비되기 시작하는 호르몬입니다. 충분한 양의 세로토닌이 생성될 수 있도록 아침과 낮에 햇빛을 보고, 밤에는 잠을 자는 규칙적인 생활 패턴을 유지하는 게 좋습니다.

그랜트 우드, 〈아메리칸 고딕〉, 1930

잃어버린 건강과 기쁨을 찾아서

**활력 호르몬,
갑상선호르몬**

대사를 조절하는 호르몬으로, 성장, 발열, 생식 능력, 소화 능을 촉신한나. 무엇보다 하루에 필요한 에너지를 생산하는 데 주요한 임무를 맡고 있다.

잃어버린 시대, 잃어버린 건강

이번 방에서는 현대 회화 같기도, 고전 회화 같기도 해서 오묘한 인상을 불러일으키는 그림을 소개해드리겠습니다. 방 입구에 걸려 있는 그림은 20세기 미국 화가인 그랜트 우드Grant Wood의 〈아메리칸 고딕〉입니다. 사실주의 화법을 추구했던 미국 지방주의 미술운동의 대표적 거장인 그랜트 우드는 자신의 회화세계를 통해 미 중서부 생활의 단면을 보여주었고, 특히 이 그림으로 큰 명성을 얻었습니다. 〈아메리칸 고딕〉을 통해 작가는 고도의 산업화로 인해 점차 사라지는 미국의 농경사회에 대한 향수를 표현하였습니다.

작품 속에 담긴 두 인물을 보세요. 자신의 농장을 배경으로 서 있는 두 농부의 모습은 당시 대공황에 빠져 있던 미국 사회의 단면입니다. 우드는 예술을 통해 미국 사회의 전통을 포착하고 지켜내고자 했던 것 같아요.

이 그림에 나오는 시골 마을 엘돈의 작은 집들은 단정한 고딕식 건축양식이며, 집 앞에 서 있는 두 사람의 표정은 단정하고도 엄숙합니다. 두 사람의 얼굴에서 쓸쓸하고 고된 1930년대 미국 농촌의 흔적을 엿볼 수 있네요. 입술을 꼭 다물고 자신들의 터전과 전통을 지키려는 고집도 보이고요. 비록 작은 마을에 살고 있지만 금욕적인 가치를 옹호하고 지키려는 보수적이고도 강한 의지가 담겨 있는 그림입니다.

아마도 그들의 얼굴에 깃든 수척함은 불안한 시대상이 반영된 것일 테지요. 하지만 그들이 만약 제 진료실에 찾아온다면, 저는 "대공황 때문인 것 같군요!"라고 이야기하지는 않을 겁니다. 의사로서 건강상의 문제를 말하겠지요. 실제로 왼편에 서 있는 중년 여성의 얼굴에는 갑상선기능항진증의 징조가 보입니다. 갑상선 부위가 커져 있고, 불안한 시선과 안구가 살짝 돌출되어 있는 걸 보아서 말이지요.

갑상선 기능이 모두 이와 같은 병증으로 나타나는 건 아닙니다. 다음 그림인 볼디니의 작품에 등장하는 여성은 우울함이나 수척함과는 거리가 멀어 보이거든요.

막스 부인과 리사 부인의 사연

조반니 볼디니Giovanni Boldini의 〈샤를 막스 부인의 초상〉은 파리 사교계의 성악가였던 샤를 막스가 무대에 오르기 전의 모습을 포착한 작품입니다. 볼디니는 그녀가 살짝 움켜쥔 드레스를 날렵한 붓질과 물 흐르듯 유려한 선으로 표현해 역동적인 느낌을 더했습니다. 또한 무대에 오르기 전 긴장감과 가벼운 흥분으로 붉게 상기된 그녀의 표정은 지금이라도 내 앞에서 그녀의 무대가 펼쳐지고 있는 것 같은 착각을 불러일으키네요.

네 번째 방. 잃어버린 건강과 기쁨을 찾아서

조반니 볼디니, 〈샤를 막스 부인의 초상〉, 1896

볼디니는 '벨 에포크Belle Époque'의 화려함과 우아함을 가장 잘 표현한 화가였죠. 벨 에포크란 프랑스어로 '좋은 시절'이라는 뜻을 가진 단어로, 19세기 말부터 제1차 세계대전 전까지의 프랑스를 가리킵니다. 당시 프랑스는 경제가 번성하고, 사교계를 중심으로 문화와 예술이 꽃을 피웠습니다. 이 그림은 벨 에포크 특유의 우아함과 활기가 여실히 드러나는 작품입니다. 막스 부인을 따라 문화공간인 살롱salon에 들어가면, 화려한 샹들리에와 수많은 역사적 인물들이 우리를 반겨줄 것 같군요. 어떤가요? 여러분도 멋지게 옷을 걸치고 따라가고 싶지 않은가요?

활기찬 표정과 몸짓에서 보건대 막스 부인은 살롱에서도 단연 돋보이는 사람이었을 것 같습니다. 진심 반, 농담 반으로 갑상선 수치가 상당히 높지 않을까 싶을 정도입니다. 갑상선호르몬은 신진대사를 조절하는 호르몬이거든요. 갑상선 수치가 높으면 신진대사 기능이 활발해지면서 몸의 활동성이 커지게 됩니다. 수치가 지나치면 활동성이 과도하게 나타나기도 하지요. 심장이 빨리 뛰고 열이 많아져서 더위를 참지 못하게 되고, 식욕은 왕성해지는데 체중은 오히려 감소하는 현상이 벌어지죠.

의사들이 사용하는 재밌는 표현이 있습니다. '립스틱 사인lipstick sign'이라는 표현입니다. 퇴원을 앞둔 환자가 립스틱을 바르고 몸을 치장하기 시작하면 몸이 많이 호전되었음을 뜻한다는 겁니다. 간혹 환자들 가운데 무턱대고 다 나았으니 집에 가겠다고 떼를 쓰시는 분들이 있습니다. 병원 생활이 힘들고 지루하기 때문이겠지요. 하지만 수많은 환자를 봐오다 보면, 얼굴빛이나 몸짓 같은 미묘한 부분에서 병증을 어림짐작할 수 있습니다. 집에 가겠다고 이야기하시는 분들은 대부분 아파 보였습니다. 동시에 슬프고 외로워 보이기도 했지요.

세상에서 가장 유명한 그림인 레오나르도 다 빈치Leonardo da Vinci의 〈모나리자〉에서도 갑상선 문제를 찾아볼 수 있습니다. 이미 수많은 사람들이 저마다 해석을 내놓은 작품이지만, 호르몬의 관점에서도 한 줄을 덧붙이고 싶네요.

그림 속 중년 여성은 온화한 표정을 한 채 의자에 편하게 앉아 있습니다. 가슴과 목, 얼굴과 손은 환하게, 다른 부분은 어둡게 처리했습니다. 손이 놓인 의자의 팔걸이는 관람자들과 모나리자 사이를 근접시키는 효과를 주고 있습니다. 이렇듯 놀랄 만한 표현기법으로 신비한 생명감을 현실화했습니다.

머리와 얼굴, 턱과 목의 경계를 자세히 살펴보면 실제 선이 아닌 명암의 섬세한 변화로 대조를 이루고 있습니다. 이것이 바로 레오나르도 다 빈치가 창안한 스푸마토sfumato 기법의 탁월함입니다. 스푸마토는 '연기처럼 사라지다'라는 뜻의 이탈리아어로, 마치 연기처럼 부드럽고 미묘하게 색을 변화시켜 색과 색 사이의 경계선을 일부러 뚜렷하지 않게 만드는 기법입니다.

스푸마토 기법의 영향 때문에 관객들은 〈모나리자〉가 자신

레오나르도 다 빈치, 〈모나리자〉, 1503

만을 쳐다보는 듯한 느낌을 받게 됩니다. 눈동자의 흰자와 검은자의 경계가 희미하고 불분명하여 정확한 시선 파악이 안 되기 때문에 관객들은 〈모나리자〉를 보면 신기한 경험을 하게 되는 거죠. 그림 앞을 지나갈 때 그림 속의 인물이 자신을 계속 응시하며 희미한 미소를 보내온다고 착각하게 되는 겁니다.

이 기법은 눈과 입의 가장자리에도 응용되어 있습니다. 눈과 입의 윤곽선이 없기 때문에 살아 있는 인물처럼 볼 때마다 표정이 달라지는 것같이 보입니다. 너무 가까이 다가서면 보이지 않다가 일정 거리로 물러서야만 드러나는 미소 때문에 그 유명한 '모나리자의 미소'의 신비함이 나타나는 것이지요.

〈모나리자〉의 배경에 펼쳐진 풍경은 상상적인 이미지로서, 역시 다 빈치가 최초로 시도한 공상적인 원근법이라고 합니다. 뒤쪽의 넓은 경치가 얼음에 뒤덮인 산 쪽으로 멀어지고 있고, 구불구불한 길과 멀리 보이는 다리는 사람이 다니는 흔적을 보여줍니다. 실제로 보면 그리 크지 않은 이 그림은 오늘날 세계에서 가장 유명한 그림이 되었습니다.

〈모나리자〉의 또 하나의 특징은 부인의 눈썹이 없다는 점입니다. 어떤 사람들은 그 이유가 당대 유행 때문이라고 추측하더군요. 16세기에는 눈썹을 모두 뽑는 게 유행하는 스타일이었다고요.

저는 좀 다르게 생각합니다. 어쩌면 그녀는 갑상선기능저하증을 앓았을지도 모릅니다. 갑상선기능저하증에 걸리게 되면, 눈이 건조해지고 눈두덩이 붓게 됩니다. 머리카락은 가늘어지고 눈썹은 심하게 빠지죠. 어쩌면 우울해 보이기도 합니다. 놀랍게도 그녀 얼굴에서 모두 찾아볼 수 있는 증상입니다. 저만의 느낌일까요?

'모나Mona'는 결혼한 여자를 말하는 것이니 〈모나리자〉는 '리사Lisa 부인'이란 뜻이 됩니다. 갑상선기능항진증과 저하증은 모두 여성에게서 많이 발병하는 증세입니다. 특히 젊은 여성은 항진증이, 중년 여성은 저하증이 많은 게 특징이지요.

갑상선기능저하증은 신체적인 증상 외에도 사고력이 부진하고 우울하거나 무기력해지는 증상이 동반됩니다. 제가 경험했던 심각한 갑상선기능저하증 환자는 평소 너무 말이 없고 생각의 흐름도 너무 느린 데다 우울하고 의욕이 없었던 할머니였는데요. 가족들은 정신적인 문제로만 생각했었는데, 고지혈증으로 진료실에 방문한 그분께 호르몬 검사를 해봤더니 아주 심한 갑상선기능저하증이 진단되었습니다.

호르몬을 공급해주자 증상이 확연히 호전된 환자는 이후 말도 빨라지고 성격도 변하는 등 여러 면으로 개선되었지요. 환자의 주변 사람들은 원래 그런 분인 줄 전혀 몰랐다고 입을 모아 얘기했을 정도였습니다. 이처럼 호르몬의 부족을 빨리 알아차리는 것이 호르몬 질환의 치료에 급선무입니다.

갑상선 엔진을 점검하라

클로드 모네Claude Monet는 〈인상, 일출〉이란 작품을 세상에 내놓으며 인상주의라는 어원을 만들어낸 인상주의 창시자 중 한 사람입니다. 그는 '빛은 곧 색채'라는 인상주의의 원칙을 끝까지 고수했으며, 빛에 따라 사물이 시시각각 어떻게 변화하는지를 탐색하여 연작을 통해 화폭에 옮겼습니다.

인생 말기에 백내장으로 인한 시력 저하 때문에 뿌옇게 보이는 시야를 피하지 못했겠지만, 빛에 따라 달라지는 지베르니 정원의 모습을 표현하기 위해 죽기 1년 전인 1925년까지 모네는 붓을 놓지 않았습니다. 눈이 잘 보이지 않은 상태에서 그린 말년의 회화는 추상주의의 탄생에 영향을 미쳤다는 견해도 있습니다. 그는 1926년에 86세를 일기로 생전에 그가 좋아했던 자택 지베르니에서 삶을 마감했습니다.

〈생 라자르 역, 기차의 도착〉은 노르망디에서 출발하여 생 라자르로 들어오는 기차와 그 주변 풍경을 담고 있습니다. 문명을 상징하는 철골과 유리로 된 역 지붕 아래, 푸른 증기를 내뿜으며 기차가 힘차게 들어오고 있네요. 당시 생 라자르 역은 근대를 상징하는 장소였습니다. 그리고 기차 역시 근대적 삶에서 얻을 수 있는 편리함과 쾌적함을 상징하는 수단 아니겠습니까. 모네의 그림 〈생 라자르 역, 기차의 도착〉은 근대적 삶에 대한 희망, 그

클로드 모네, 〈생 라자르 역, 기차의 도착〉, 1877

부푼 기대감이 느껴지는 활력 넘치는 작품입니다.

이 방에서 뜬금없이 기차 그림을 소개하는 것은 기차의 역동성, 즉 힘찬 엔진이 주는 에너지 때문입니다. 갑상선호르몬이 바로 우리 몸의 엔진과 같은 기능을 하고 있으니까요. 테네시 윌리엄스의 유명한 희곡 《욕망이라는 이름의 전차》라는 작품이 있습니다. 우리가 살아간다는 것은 이 '욕망이라는 이름의 전차'가

늘 바쁘게 움직이고 있다는 의미와 다르지 않습니다. 막 출발하려는 기차가 요란한 엔진 소리를 내며 준비하듯이, 신체활동이 원활히 가동되기 위해서는 엔진 역할을 하는 갑상선호르몬의 정상적인 분비가 필수적으로 요구된다는 것이지요.

아이언맨처럼 날아다니려면

갑상선과 부갑상선은 매우 가까이 있는 내분비장기입니다. 일반적으로 갑상선은 목 앞부분에 있어 눈에 보이는 경우가 많지만, 네 개의 부갑상선은 갑상선 뒤편에 자리해서 눈으로 잘 보이지 않습니다.

갑상선에서 분비된 호르몬은 티록신과 칼시토닌이 있는데, 그중 보통 갑상선호르몬으로 불리는 티록신은 트리요오드티로닌과 함께 발열반응을 일으켜 체온을 유지하고 신진대사를 촉진하며, 기초대사와 함께 성장도 조절하는 호르몬입니다. 칼시토닌은 부갑상선에서 분비되는 파라트로몬과 함께 뼈와 신장에 작용하여 혈중 칼슘 수치를 낮추어주는 역할을 합니다.

이런 갑상선호르몬이 부족해지면, 다시 말해 갑상선 기능이 저하되면 우울하고 무기력한 채 피곤하고 얼굴도 푸석푸석해지고, 몸이 붓고 살도 찌고 변비도 생기며, 고지혈증도 생기게 됩니다. 반대로 갑상선호르몬이 과잉인 상태, 즉 갑상선기능항진

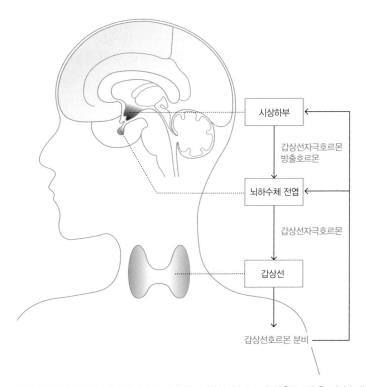

갑상선호르몬 시스템 시상하부에서 분비되는 갑상선자극호르몬 방출호르몬은 뇌하수체 전엽에서 갑상선자극호르몬의 분비를 유도한다. 갑상선자극호르몬이 갑상선에 도달하면 갑상선호르몬이 분비된다. 이때, 갑상선자극호르몬 방출호르몬과 갑상선자극호르몬은 혈액의 갑상선호르몬 수치에 따라 분비가 촉진되거나 억제된다. 이러한 피드백 시스템으로 인해 갑상선호르몬 수치는 일정하게 유지될 수 있다.

증이 뇌면 신경이 예민해지고, 불면증에 시달리며 매사 두근거리면서 불안해지고, 땀도 많이 나고 설사가 자주 나며, 많이 먹어도 살이 빠지고 나중에는 안구가 튀어나오는 증상까지 보입니다. 이렇게 다양하고 복잡한 증상들이 연결되어 나타나지요.

이런 경험을 혹시 해본 적 있으신가요? 애매한 증상이 생겨서 병원을 찾았는데, 혈액검사 등 각종 검사를 하면 특별한 이상이 발견되지 않으니 괜찮다는 얘기를 듣게 되는 경우요. 분명 나 자신은 어딘가 아픈 것 같은데 말입니다. 본인이든 가족이든 주변 사람 중에서도 분명 이런 경우가 많으실 거예요. 피곤하고 우울하고, 잠을 자도 잔 것 같지가 않고, 꿈자리도 뒤숭숭하거나 자꾸 허기진 느낌이 들고, 심지어는 느닷없이 유즙이 나오는 황당한 경험을 하는 분도 있습니다.

최근에 한 환자분이 심장이 쿵쾅거리고 화끈화끈 열이 오르며 이유 없이 우울해진다며 병원을 찾아오셨습니다. 혹시 지금 이 책을 읽으시는 분 중에도 이와 비슷한 분이 계신가요? 그렇다면 이런 분은 어디서 진료를 받아야 할까요? 심장내과? 내분비내과? 신경정신과?

뜻밖에도 이런 증상은 갑상선호르몬에 이상이 왔을 때 나타나는 증상일 수 있습니다. 심장이 두근거리고 예민해진다거나 우울함과 무기력함이 찾아오는 증상은 언뜻 생각하면 신경정신과에 해당하는 병증인가 싶지만, 의외로 갑상선호르몬 이상이 원인인 경우가 무척 많습니다. 즉, 내분비과에 찾아오셔야 하는 문제일 수 있다는 것이지요.

영화 〈아이언맨〉에서 주인공 토니 스타크는 가슴팍에 원자로를 달고 있습니다. 그 원자로가 정상적으로 작동해야만 강력한 슈트를 활용할 수 있죠. 제가 생각하기에 갑상선은 우리 몸의 원자로와 같습니다. 만약 몸이 안 좋다면, 그런데 원인을 알 수 없다면, 갑상선을 검사해보시는 게 어떨까요? 갑상선에 생긴 문제가 여러분이 날아다니지 못하도록 막고 있을지 모릅니다.

갑상선 기능이 저하되는 문제는 여성이 남성에 비해 10배 정도 더 많이 나타납니다. 갑상선호르몬은 성장, 세포 회복, 신진대사 조절 등 건강에 광범위한 영향을 미치기 때문에 문제가 생기더라도 갑상선 문제라고 생각하지 못하는 경우가 많습니다. 일반적인 증상을 말씀드리면, 피로감, 탈모, 체중 증가, 감기, 우울감, 피부결 손상, 추위를 타는 등의 증상이 나타납니다.

갑상선 기능이 저하되었을 때는 요오드와 티로신을 섭취해주어야 합니다. 갑상선호르몬 생성이 필수적인 재료이기 때문이지요. 따라서 갑상선 기능이 항진인 경우에는 요오드와 티로신 섭취를 제한해야겠지요. 그렇다면 갑상선호르몬 균형을 지켜주는 식습관과 생활 습관은 무엇일까요?

이번 처방전에서는 하나하나 열거하기보다 제 진료실에 찾아오셨던 환자들의 실제 사례를 보여드리겠습니다. 이분들의 증상을 자신의 몸 상태와 꼼꼼히 비교해보면서 갑상선호르몬의 균형이 잘 유지되고 있는지 확인해보시길 바랍니다.

첫 번째 사례 | 박효순(가명, 54세 여자)

박효순 씨는 만성적인 피로와 만성변비 증세가 심했으며, 춥지 않은 날씨에도 오한을 호소했다. 평소 피부가 푸석푸석하다고 느껴 화장품을 여러 번 교체했으나 별 효과가 없었고, 일상생활이 불편할 정도의 무기력증이 지속되었다. 검사 결과, 혈중 여성호르몬 농도가 크게 저하되어 있었고 갑상선호르몬 농도도 감소한 양상을 보였다.

- **금지한 음식** 기름기 많은 육류(갈비, 삼겹살 등), 카페인이 다량 함유된 음식 (커피, 녹차, 콜라, 에너지음료 등), 술

- **식단에 추가한 음식** 현미밥, 우유, 콩류(콩, 두유, 두부), 녹황색 채소(시금치, 당근, 호박), 해조류(김, 미역, 다시마), 견과류(호두, 아몬드), 식이섬유가 많이 함유된 과일과 채소(사과, 블루베리, 브로콜리, 열무, 양배추 등)

- **운동과 생활 습관**

① 8시간 이상 충분한 수면을 취하기

② 주 5일, 하루 30분 이상 땀이 날 정도의 운동(빠르게 걷기, 자전거, 수영, 에어로빅)

③ 주말에 등산이나 캠핑 등 야외활동 하기

④ 집 주변을 30분 정도 산책하며 하루 동안의 일을 생각해보는 시간을 가지기

⑤ 취침 전 반신욕하기

- **3주 후 변화** 지방과 카페인이 함유된 음식을 금하고, 채소와 견과류, 해조류 등 식이섬유가 많은 음식을 지속적으로 먹고 난 뒤 변비 증세가 크게 개선되었다. 충분한 수면시간 덕분에 낮에 조는 일이 없어졌으며, 피부의 탄력도 예전처럼 부드럽게 회복되었다. 채혈 검사에서 여성호르몬 및 갑상선호르몬 농도가 회복되었다.

두 번째 사례 | 이미정(가명, 59세 여자)

이미정 씨는 2~3년 전부터 눈이 빠질 듯한 두통을 자주 겪었고, 잘 먹는데도 살이 자꾸 빠지는 증상을 보였다. 게다가 이유 없는 불안감에 시달리며 평소에 비해 예민해짐을 느꼈다. 고통은 한두 가지가 아니었다. 밤에 잠을 잘 이루지 못했으며, 이불이 젖을 정도로 땀이 나기도 했다. 심장이 두근거리는 증세도 보였다. 검사 결과, 갑상선 기능항진증을 진단받고 약을 복용하기 시작했다. 여성호르몬은 갑상선호르몬과는 달리 감소해 있었다.

- **금지한 음식** 해조류(미역, 다시마, 김), 액상과당 음료, 탄산음료, 술, 커피, 밀가루 함유 음식

- **식단에 추가한 음식** 검은콩류 음식(콩을 섞은 밥, 검은콩 두유 등), 토마토, 쑥, 브로콜리, 단백질 음식(살코기, 달걀흰자, 생선 등), 푸른잎 채소(상추, 시금치, 양배추, 양상추)

- **운동과 생활 습관**

① 8시간 이상 충분한 수면취하기

② 주 5일 이상, 하루 30분 이상 운동을 하되, 심박수와 호흡 증가를 일으키
   지 않는 산책 등의 가벼운 운동을 하기

③ 주말에 편안히 누워 클래식 음악을 들으며 한두 시간 사색하는 시간을
   가지기

- **1달 후 변화** 충분한 숙면과 식이요법을 통해 갑상선항진증이 호전되었
   다. 혈중 갑상선호르몬 농도가 많이 감소했고, 이에 따라 갑상선 관련 약
   제를 감량하기 시작했다. 불안감, 체중 감소, 두통 등의 불편한 증세는 그
   빈도가 큰 폭으로 감소하여 많이 완화되었다.

분노 怒

제2관 | **호르몬에 끌려가지 않고 조종하는 법**

에드바르 뭉크, 〈절규〉, 1893

뭉크를 절규하게 만든 호르몬의 정체

충동과 집착 호르몬, 도파민

감각과 감정을 지배하는 대표적인 호르몬이다. 도파민의 영향으로 상대 혹은 사물에 대한 호감과 비호감이 결정된다.

도파민에 지배당하면

우리 몸속에서 호르몬은 신진대사 활동만 조절하는 것이 아니라, 감각과 감정 또한 지배한다는 것도 알고 계시나요? 감정을 관장하는 대표적인 호르몬으로는 세로토닌, 도파민, 노르에피네프린 등이 있습니다. 이 호르몬들은 그 분비되는 정도와 효과에 따라 감정 변화에 큰 영향을 미친답니다.

특히 이 방의 주인공인 도파민은 타인 혹은 사물, 상황 등을 바라볼 때 작용하는 감정을 조절합니다. 상대방에 대한 호감과 비호감을 판가름하기에 '호감 호르몬'이라고 불리지만, 동시에 '충동 호르몬'으로 불리기도 하는 특이한 호르몬입니다. 과다 분비되거나 과다한 작용을 보이면 그 사람은 대상에 대한 강한 충동을 느끼게 되지요. 나아가 그 정도가 지나치면 집착, 탐닉, 의존 경향마저 보입니다. 채워지지 않는 욕망을 자꾸 갈구하게 된다 할까요.

이런 도파민의 작용이 억제되지 않고 내면에 극도의 영향을 끼치게 되면 무슨 일이든 비극으로 흐를 수 있습니다. 감정의 자기파괴 현상이 일어나고, 결국에는 파국으로 치닫게 되는 무서운 일이 발생할 수도 있죠. 사실 셰익스피어의 《맥베스》나 《오셀로》 같은 비극작품 속 주인공들을 보면 충동과 집착, 의심과 망상 등으로 돌이킬 수 없는 불행을 마주하게 됩니다. 이런 작품들의 끝은 자신의 운명에 대해 처절하게 '절규'하는 모습으로 장식되기도 합니다.

자, '절규'라는 단어가 등장하니 많은 분들의 머릿속에 떠오르는 그림이 있을 겁니다. 맞습니다. 바로 뭉크의 너무나도 유명한 그림, 〈절규〉입니다.

노르웨이의 대표적 표현주의 화가인 에드바르 뭉크의 이 작품은 여러 매체에서 자주 인용되고 패러디되지요. 이를 희화화한 장면들이 자주 연출되기도 합니다.

1890년대 당시 뭉크가 유럽을 두루 돌아다니면서 구상하여 그린 연작 중 하나로, 자신이 실제로 겪었던 경험이 담겨 있다고 합니다. 먼저 배경부터 보실까요? 날이 저물 무렵의 스산한 밤공기가 붉은 석양과 어우러지는 모습이 보입니다. 하지만 전혀 낭만적인 풍경 같지는 않지요. 뭉크는 당시 두 친구와 함께 피오르해안과 도시가 한눈에 보이는 다리 위를 걸어가고 있었습니다. 피오르해안은 빙하에 의해 침식된 골짜기가 해수면 상승으로 침수되어 만들어진, 절벽으로 둘러싸인 지형입니다.

뭉크가 다리 위를 걷는 그 순간 갑자기 하늘이 핏빛으로 변하더니 불타는 하늘이 돌연 푸른빛의 도시와 피오르해안을 동시에 집어삼키는 듯이 보였다 합니다. 뭉크는 이 광경에 몹시 놀라 그 자리에 멈춰 서버렸습니다. 두 친구는 그런 그를 뒤로 하고 무심히 계속 걸어갔지요.

이 공포의 풍경에 감정이입이 되어버린 뭉크는 마침내 어디선가 들려오는 큰 비명을 들었다고 합니다. 마치 그 소리는 나약한 인간 내면에 웅크리고 있던 미지의 막연한 두려움에 대한 절규 같았습니다. 그 자리에 있던 군중 가운데 소름 끼치는 비명을 들은 사람은 오직 뭉크뿐이었죠.

〈절규〉 그림을 보세요. 양손을 얼굴에 댄 채 입을 크게 벌리고 소리를 지르는 인물은 뭉크의 내면이겠지요. 나약한 인간, 그리고 알 수 없는 혼란과 미지의 두려움에 대한 절규를 표현하고 있습니다. 불타는 저녁노을이 불안한 뭉크의 심리 상태에 불을 지른 것이라 보여집니다. 네로 황제가 광기 어린 눈으로 불타는 로마를 바라보는 것처럼요.

그림 속 절규하는 뭉크의 몸은 어떤 상태였을까요? 절규하는 자신의 모습을 그리던 뭉크는 어떤 감정을 느꼈을까요? 이런 의문들이 솟구칠 때마다 저는 불현듯 도파민을 떠올리게 됩니다.

어떤 사람이나 사물, 혹은 상황을 접한 뒤 4분 안에 도파민이 나오지 않는다면 호감이 비호감으로 바뀐다는 사실, 혹시 아시나요? 그리고 호감이 너무 지나치면 무언가를 충동적으로 격발시키기도 합니다. 마치 뭉크의 〈절규〉처럼 말이죠. 그래서 앞서 이야기했듯 도파민을 충동 호르몬이라 부르는 거죠. 만약 홈쇼핑 방송을 보다가 상품을 충동적으로 구매하게 된다면 여러분은 그때 도파민의 지배를 받은 것입니다.

신경전달물질인 도파민은 티로신, 페닐알라닌 등 아미노산에서 생성되며, 노르에피네프린과 에피네프린 합성체의 전구물질입니다. 우리 체내에서 신경전달물질로서 작용하는데, 특히 뇌 신경세포에 흥분 반응을 전달하는 역할을 하고 있죠. 조금 어려운 이야기지만 신경계에서 생체신호 전달과 관련하여 굉장히 중요한 역할을 담당하고 있습니다.

도파민은 감정과 동기 부여부터 욕망과 쾌락, 학습 등에까지 영향을 미칩니다. 도파민이 과도하게 분비되면 앞서 말씀드린 지나친 충동과 욕망 이외에도 조울증이나 조현증 같은 정신질환의 원인이 되기도 합니다. 반대로 도파민이 너무 부족해져도 우울증이 유발되는 등 문제가 생기지요. 하지만 적당한 도파민은 공부나 일에 대해 능률을 높여주고, 이를 통해 성취감을 느끼면 쾌감과 함께 도파민의 분비를 더욱 높이게 되는 선순환이 이뤄집니다. 그러므로 도파민의 균형이 중요한 것입니다.

사기꾼의 호르몬

이외에도 도파민은 집중력과 기억력에도 영향을 미칩니다. 그러나 지나친 집중과 과도한 삼징은 집착이 되기 마련이고, 그 집착은 결국 중독으로 치닫습니다. 도파민이 각본을 쓰고 연출한 파국의 드라마에서 충동구매 같은 건 애교입니다. 약물중독, 도박

중독, 알코올의존증 등 우리 삶을 망가뜨리는 중독의 이면에는 도파민이 도사리고 있죠. 끊으래야 끊을 수 없고, 채우래야 채울 수 없는 욕망에 휘둘리는 인간의 나약함, 그 원인이 호르몬 때문이라고 한다면 너무 멋없는 결론일까요?

아리송한 도박의 풍경을 묘사한 그림 하나를 소개합니다. 등장인물들이 품고 있는 각자의 욕망이 느껴져 들여다볼수록 재미있는 작품이더군요.

프랑스의 화가 조르주 드 라 투르Georges de La Tour가 그린 〈다이아몬드 에이스를 든 사기꾼〉을 한번 감상해봅시다. 얼핏 보면 여러 명이 둘러앉아 카드놀이를 하는 평범한 장면으로 보입니다. 그러나 자세히 살펴보면 이들의 얼굴, 눈짓, 행동은 여간 수상한 것이 아닙니다.

얼굴이 그늘에 가려진 맨 왼쪽의 남자는 자신의 벨트 뒤에 숨겨두었던 에이스 카드를 빼내고 있습니다. 중앙에 화려한 옷을 입고 모자를 쓴 여성을 보세요. 술병을 가져온 소녀와 눈짓을 주고받는 게 보이시나요? 아마도 가장 오른쪽에 있는 순진한 청년을 술에 취하게 만들 궁리를 하는 모양입니다. 요란한 깃털 모자와 보석으로 치장된 옷을 입은 이 부잣집 도령은 곧 큰돈을 잃게 될 것도 모른 채 카드를 고르고 있습니다.

그런데 사기의 현장을 포착한 것 이상으로 이 그림에서 시선을 끄는 것은 매끄럽고 아름다운 벨벳의 의상, 깃털 등으로 멋을

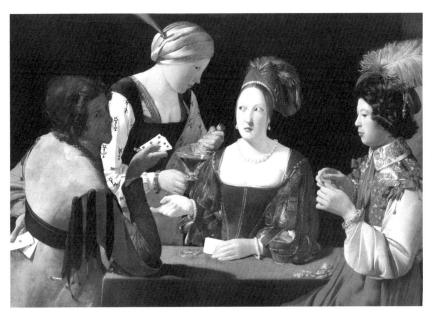

조르주 드 라 투르, 〈다이아몬드 에이스를 든 사기꾼〉, 1635

낸 모자의 장식, 그리고 어두운 배경 속에서 강하게 부각되는 흰 피부의 얼굴 등에서 느껴지는 세련된 감각들입니다.

라 투르는 20세기 중반까지 전혀 알려지지 않았던 화가였습니다. 파리에서 멀리 떨어진 로렌 지방에서 태어났다는 출생 기록, 결혼 기록, 그리고 그가 기르던 사냥개가 농작물을 망쳤다는 시민들의 진정서 정도가 그에 대해 알려진 바의 전부였습니다. 그러나 그의 작품에서 보이는 색채의 풍부함, 선과 형태의 관계에서 시적이며 절묘한 구성, 특히 촛불 광선을 이용한 심오한 종교적 작품 등으로 미루어 그가 파리나 이탈리아를 여행하고 안목을 높일 기회가 있었을 것으로 추측됩니다.

최근에는 루이 13세도 그의 작품을 소장하고 있었음이 알려지면서 그가 당대에는 꽤 유명한 화가였다는 사실이 밝혀졌습니다. 아마도 라 루트처럼 역사 속에서 발견되기만을 기다리고 있는 보석 같은 화가들이 많으리라고 생각합니다.

아무튼 〈다이아몬드 에이스를 든 사기꾼〉에는 각자의 욕망 아래 편법을 시도하는 도박꾼들의 모습이 적나라하게 그려졌습니다. 순진하게 카드에만 열중하는 오른쪽의 청년 또한 도박이 주는 중독과 욕망에 사로잡혀 있겠죠. 원래 도파민은 사람으로 하여금 보상심리를 유도하여 자기의 행동 자체에 동기를 부여하도록 만들거든요.

예를 들자면 도박으로 큰돈을 따거나 마약을 흡입해 극도의 쾌감이 느껴지는 순간, 체내에서는 엄청난 양의 도파민이 분비됩니다. 그 짧은 순간에 사람의 뇌는 갑자기 증가한 도파민의 효과를 기억하게 되고, 이후에도 계속해서 강한 쾌감을 얻고자 하는 충동에 노출됩니다. 실제로 이전 연구에서 사랑에 빠진 사람의 뇌가 마약 중독자의 뇌와 똑같은 활동을 보이는 것을 확인할 수 있었지요.

지나친 권력욕, 심지어 근래 들어 이슈가 되는 갑질과 관련해서도 도파민 과다 분비가 원인이라는 연구 결과도 있습니다. 권력을 남용하는 과정에서 도파민 분비가 비정상적으로 촉진되면, 이로 인해 공감 능력이 상실되고 실패에 대한 두려움이 사라져 오직 목표 달성을 위해서만 행동하게 되는 심각한 부작용이 발생할 것입니다.

우울증을 동반하는 사랑

고려 충혜왕 시절의 문인 이조년이 지은 시조가 있습니다. 후대에 〈다정가多情歌〉라는 이름으로 불리게 된 아름다운 시조인데, 제가 한번 읊어드릴까 합니다.

> 이화梨花에 월백月白하고 은한銀漢이 삼경三更인제
> 일지춘심一枝春心을 자규子規야 알랴마난
> 다정多情도 병病인양樣하여 잠 못 들어 하노라

흰 배꽃이 흐드러지게 피고 은하수가 흐르는 봄밤에 임을 그리워하는 마음이 표현된 시조입니다. 절절한 연모의 감정이 느껴지는 한편, 잘못하면 사달이 나겠다 싶기도 합니다. 애끓는 감정은 때때로 병적인 집착이 되기도 하니까요.

세상에서 가장 불행하고도 고독했던, 그렇지만 더없이 위대했던 화가 빈센트 반 고흐Vincent van Gogh를 이야기하고 싶습니다.

그는 세상 누구보다 자신을 이해해주리라 믿었던 동료 화가인 고갱과, 동생 테오의 아들이면서 자기와 이름이 같은 빈센트, 이 두 사람을 유독 편애하고 집착하였습니다.

고흐의 내부에서 일렁거리는 도파민의 반응 때문이었을까요? 고흐는 평소 '압생트absinthe'라는 독주와 담배, 그리고 노란색에 유난히 집착했습니다. 해바라기에 대한 사랑 역시 집착에 가까웠습니다. 고흐는 태양을 하염없이 바라보는 해바라기의 모습에 자신의 열정과 순수성을 투영했습니다.

고흐는 화가들이 연합하여 각자의 그림을 모두 공동으로 소유해서, 이것이 팔리면 함께 그 돈을 나눠 가지는 '화가 공동체'를 평소에 늘 꿈꾸었습니다. 그러던 중 고흐는 아를의 '노란 집'에 고갱을 초대해 함께 작업을 하게 되는데, 이때 고흐는 고갱의 방을 자신이 그린 해바라기 그림으로 꾸몄습니다. 시간이 지나 고갱이 어느 날 자신 곁을 떠날 것임을 직감한 고흐는 그 무렵 매일 밤 고갱의 침실에 들어가 그의 얼굴을 한참 동안 들여다보고 나가기도 했다 하죠.

고갱에 대한 집착이 너무나 심한 나머지, 고갱의 마음이 떠나간 것을 안 뒤에는 그 절망감을 어찌지 못하고 자신의 한쪽 귀를 자르는 괴이한 행동으로 그 절망을 표현하였습니다. 저는 그의 진심과 고독을 이해합니다. 고흐의 일생이 더욱 슬프게 느껴지네요.

반 고흐는 검정, 노랑, 그리고 이따금 흰색을 주로 사용했는데, 검정은 그가 처한 현실을, 흰색은 그의 지향을 상징한다면, 노랑은 그의 개인적인 의지와 정열을 상징한다고 할 수 있습니다. 그러므로 노랑은 그의 정체성이 가장 잘 드러나는 색채라고 할 수 있죠.

그 외에도 하늘색 계통의 푸른색, 보라색, 녹색을 보조적인 차원에서 사용하곤 했습니다. 특히 이 해바라기는 고흐가 유독 노란색에 집착을 보인 그림입니다. 이런 노란색을 만들어내기 위해 일부러 압생트라는 독주를 마시면서 그렸다는 이야기도 있습니다. 압생트의 독한 성분이 황시증이라는 병을 만들었다는 설도 전해지긴 합니다만 확실치는 않습니다.

고흐의 노란색에 대한 집착은 참으로 대단해서, 노란색을 다시 열여덟 가지로 세분화하여 사용할 정도였다고 하죠. 노란 화병에 담아 노란 탁자 위에 놓인 해바라기를 통해 고흐의 황금시대가 열린 것입니다. 아를에서 지내는 동안 그린 대표작이자, 평생에 걸쳐 가장 유명한 걸작 중의 하나가 바로 〈해바라기〉이죠. 이 작품의 가장 흥미로운 점은 노란색 바탕 위에 노란색 해바라기를 그렸는데도 전혀 단조로운 느낌이 들지 않는다는 것입니다.

이 작품은 타인에게뿐 아니라 고흐 스스로에게도 가장 귀한 작품일 것입니다. 왜냐하면 고흐가 사랑했던 고갱이 노란 집에 처음 왔을 때, 유독 이 그림 앞에 오래 서서 작품을 극찬했기 때문입니다.

해바라기에는 슬픈 신화가 있지요. 태양의 신 아폴론을 사랑한 요정 클리티에가 해가 뜨는 동녘부터 해가 지는 서녘까지 아폴론의 모습을 넋을 잃고 고개를 돌려가며 바라보다가 결국 죽게 되고, 훗날 애모의 꽃 해바라기가 되었다는 이야기입니다.

사랑에 빠지는 것도 도파민 때문인데요. 무언가에 매료되거나 격한 감동을 느끼거나 지적인 희열에 잠기는 것은 모두 이 신경 전달 역할을 하는 도파민 덕분입니다. 도파민은 뇌의 아래 부분에 위치한 중뇌 흑질 선조체에서 만들어집니다.

적당한 도파민의 분비는 쾌감 및 즐거움과 관련된 신호를 전달해 우리에게 행복감을 느끼게 해줍니다. 식욕, 성욕, 예술가적 기질을 자극하는 일종의 생체 친화적인 각성제로 '신이 선사한 마약', '사랑의 묘약', '사랑과 창조의 호르몬'이라는 별칭으로도 잘 알려져 있고요.

사람이 사랑에 빠지면 도파민 분비가 왕성해지면서 뇌의 가장 깊숙한 중심부에 있는 미상핵의 활동이 두드러지는데, 이에 따라 기분도 급속도로 좋아집니다. 그래서 도파민은 가장 강력한 천연 각성제로도 꼽힙니다. 우리가 복용하는 진통제 중에는 정상치의 수십 배에 달하는 도파민을 일시적으로 방출하여 통증을 잊게 만드는 원리를 이용하는 약도 있답니다.

빈센트 반 고흐, 〈해바라기〉, 1888

고흐와 같이 우울과 절망이 가득해도 이를 겉으로 드러내지 않은 채 표정을 감추고 사는 사람들이 무척 많습니다. 이런 '가면우울증' 환자들은 수시로 누군가에게 '나 좀 도와줘' 하는 구원의 신호를 보내고 있을 겁니다. 자존심 때문에 감정을 애써 감추고 대신 수줍게 손을 흔들어 보이지만, 상대방은 그것을 제대로 눈치채지 못하는 경우가 얼마나 많습니까.

학창시절에 '너무나도 이야기하고파 병病에 걸렸다'고 호소하는 친구가 있었습니다. 이제 와서 생각하니 농담처럼 얘기하는 그 친구의 공허한 웃음소리에 짙은 고독이 배어 있지 않았나 싶습니다. 고독한 우울감이야말로 정녕 죽음에 이르는 병이 아닐까요.

'헛되고 헛되도다'

분위기가 좀 우울해진 것 같군요. 죄송하지만 이번에 소개해드릴 그림은 좀 더 어둡고 심각합니다. 페테르 클라스Pieter Claesz의 〈바니타스 정물화〉입니다.

17세기 화가 클라스는 언젠간 죽을 수밖에 없는 인간 삶의 허무함을 이와 같은 정물화의 방식으로 보여줍니다. 사람은 죽으면 이 그림에 나오는 해골로 변합니다. 누구도 피할 수 없는 죽음, 그 죽음을 상징하는 것이 바로 그림에서 드러난 해골이겠지요.

그림 속에서 해골이 책 위에 놓여 있네요. 왜 이런 장치를 해 놓았을까요? 해골을 책 위에 올려놓은 것은 책을 통해 애써 얻게 된 지식도 결국 죽음과 함께 사라지고 만다는 것을 의미할 것입니다. 컵에 담긴 물을 엎지르면 그 물을 다시 주워 담을 수 없는 것처럼, 우리의 흘러간 인생도 다시는 돌아오지 않는다는 이야기겠지요.

하지만 반대로, 지금 이 순간에도 쉬지 않고 흘러가는 것이 있음을 그림은 말해줍니다. 바로 시간이죠. 시간을 상징하는 모래시계가 눈에 띕니다. 해골 바로 옆에 놓인 깃털 장식의 펜은 무엇을 의미하고 있을까요?

아마도 살아 있을 때는 생각과 지식을 얼마든지 펜으로 기록할 수 있지만 죽으면 아무것도 기억하지 못하고 아무것도 적을 수 없다는 것을 말해주는 것 같습니다.

그림의 제목에 들어가는 '바니타스Vanitas'는 라틴어로 '공허'라는 뜻을 가지고 있어요. 본래 구약성경 중 《전도서》에 나와 있는 "헛되고 헛되니 모든 것이 헛되도다Vanitas vanitatum et omnia vanitas"라는 구절에 쓰인 단어였죠. '바니타스'가 정물화의 한 장르를 지칭하는 용어로 쓰이게 된 것은 17세기였습니다.

당시에 흑사병, 종교전쟁 등 여러 비극이 벌어지면서 유럽인들은 참혹한 죽음을 목도하게 됩니다. 화가들은 삶의 덧없음을 그림으로 표현했는데, 이때 꽃이나 해골, 촛불 등을 주된 소재로

페테르 클라스, 〈바니타스 정물화〉, 1625

사용했습니다. 그렇게 바니타스 정물화가 탄생하게 되지요.

모든 게 헛되다고 이야기하는 그림이지만, 바니타스 정물화는 허무주의로 그치지 않습니다. 우리는 결국 죽을 수밖에 없으므로 짧은 인생을 더 가치 있게 살아야 한다는 교훈을 담고 있죠.

아름다운 꽃의 무게

꽃의 의미는 그 꽃의 종류에 따라, 꽃을 주고받는 관계에 따라 달라지지요. 유명한 여류화가 프리다 칼로Frida Kahlo의 남편으로도 잘 알려진 멕시코 화가 디에고 리베라Diego Rivera의 〈꽃 노점상〉이라는 작품이 있습니다.

우리는 꽃을 선물하여 따뜻한 정을 전하고 사랑을 표현하곤 하죠. 그렇기에 꽃은 아름다움, 그 이상의 의미를 가지고 있습니다. 그러나 〈꽃 노점상〉의 샛노란 꽃이 가득한 바구니는 그다지 아름답게 느껴지지 않습니다. 꽃에서 재물, 명예, 권력 같은 속물적인 이미지가 떠오르는 건 왜일까요?

꽃바구니를 짊어진 사람은 무거운 짐을 짊어진 듯이 고된 표정을 짓고 있습니다. 그림에 드러난 바구니에 담긴 꽃은 갓 피어난 듯이 환하게 빛나고 있지만, 과연 그림 속 인물에게도 이 꽃이 아름다울까요? 전혀 아닐 것 같아요. 아마도 저 꽃을 다 팔아야 오늘 밤에 빵 한 조각이라도 먹을 수 있을 테니까.

이 노란 꽃의 이름은 '칼라calla'입니다. 칼라는 왕비처럼 우아하고 자기중심적인 꽃입니다. 커다란 꽃잎이 꽃술을 두툼하게 감싸고 있어 어디에 놓아도 존재감이 크죠. 꽃다발을 꾸릴 때 항상 중심에 놓입니다. 결혼식 날, 가장 아름다운 주인공인 신부의 손에 들리는 꽃이 바로 칼라입니다.

이렇듯 한 송이만으로도 굉장히 고고하고 아름다운 칼라가 그림엔 이렇게 수북합니다. 압도적인 느낌조차 줍니다. 누구든 화려하고 강한 칼라에게 시선을 먼저 빼앗기고 말지만, 조금 지나면 꽃에서 시선을 돌려 꽃바구니를 짊어진 여인에게 비로소 집중하게 됩니다.

아이러니합니다. 가장 우아하고 아름다운 꽃을 팔기 위해 가장 낮은 곳으로 무릎을 꿇었습니다. 돈을 벌려고 꽃을 파는 여인에게 꽃의 아름다움은 아름다움으로 보이지 않고 어깨를 짓누르는 무거움으로 느껴질 겁니다.

그런데 자세히 보면 뒤에서 도와주는 사람이 보입니다. 이 사람이 없었다면 여인은 바구니 아래 깔렸을지도 모르죠. 이렇듯 아무리 화려하고 아름다워 보여도 모든 일에는 노동의 고충이 숨어 있습니다. 남들은 겉만 보고 부러워하는 위치라도 정작 자신은 온갖 부담과 걱정거리에 짓눌리는 순간이 있지요. 이 그림은 그럴 때의 외로움을 묵묵히 달래주는 그림입니다.

아무리 화려한 명예와 권력과 재물도 공수래공수거 인생에는

디에고 리베라, 〈꽃 노점상〉, 1942

버거운 짐이겠죠. 우리가 그토록 바라고 원하는 것들이 모두 덧없다고 이야기한다면, 심지어 우리가 한 발씩 나아가는 과정이 고된 노동에 불과하다고 말한다면, 제가 너무 허무주의자가 되는 걸까요?

최근 미국 실리콘밸리에서는 '도파민 디톡스Dopamine Detox(도파민 단식)'라는 캠페인이 인기를 끌고 있다고 합니다. 현대인이 향유하는 중독성 생활들, 가령 텔레비전 시청, 소셜미디어, 쇼핑, 커피, 과당 음식 섭취, 음란물 시청 등을 일절 금하는 캠페인입니다.

도파민 디톡스를 주장하는 사람들은 "현대인들이 도파민을 분비하는 인위적인 자극을 좇고 중독에 빠진 탓에 인생의 목표나 대인관계를 소홀히 하게 된다"고 입을 모아 얘기합니다. 그들은 도파민 디톡스를 '삶을 정상으로 되돌리는 과정'이라고 표현합니다. 도파민 중독에서 벗어나야 도파민 균형을 되찾을 수 있고 자기 통제력을 회복할 수 있다는 거죠.

하지만 전문가들은 이에 반대하는 입장입니다. 도파민은 해로운 물질이 아니기 때문이죠. 오히려 인간이 목표를 정하고 실천할 수 있도록 하는 유용한 물질이라는 겁니다. 또한 도파민을 단절한다는 것 자체가 불가능합니다.

과거에는 중독을 치료하겠다고 도파민을 억제하는 약물을 사용하기도 했는데 효과는 거의 없었다 하죠. 대신 행동과 사고가 둔해지는 부작용만 발생했다는 것입니다. '도파민 디톡스'라는 극단적인 방식은 오히려 중독에 더욱 빠져들게 만든다는 것이 전문가들의 지적입니다.

도파민을 원천 차단하겠다는 생각보다는 일상에서 작은 실천을 통해 자기 통제감을 키워나가는 것이 훨씬 효과적입니다. 게임이나 소셜미디어를 과도하게 이용한다는 생각이 든다면, '식사 시간에만 해야지' 혹은 '주말에만 봐야지' 하는 식으로 접촉 시간을 조금씩 줄여나가는 게 더 좋습니다.

어떤 행동이 정말로 중독 수준으로까지 심각해졌다고 느낀다면 도파민 디톡스를 하기에 앞서 전문가의 도움을 먼저 구하라고 말씀 드리고 싶습니다. 그럼 일상생활에서 도파민을 관리해줄 수 있는 몇 가지 생활 습관과 식습관을 알려드릴게요.

| 도파민 관리에 좋은 생활 습관 |

① 중력에 반하는 운동

축 처진 어깨, 굽은 허리 등 위축된 자세로 생활하는 것은 도파민 분비에 악영향을 미칩니다. 도파민 문제를 겪는 파킨슨병 환자들은 대부분 중력에 억눌려 있는 듯한 자세를 취하고 있죠. 등산, 계단 오르내리기같이 중력에 저항하는 운동을 하면 도파민 분비가 촉진됩니다. 앉았다 일어나기, 여러 스트레칭 동작도 큰 도움이 됩니다.

② 충분한 수면

수면 부족은 뇌의 도파민 감수성을 줄여서 과도한 졸음을 초래할 수 있습니다. 자연적인 도파민 리듬을 유지하기 위해서는 밤에 취하는 숙면이 최고지요.

③ 음악 듣기

재밌게도 음악을 들으면 도파민 수용체가 풍부한 뇌의 영역에서 그 활동이 증가한다고 합니다. 특히 전율을 느끼게 하는 음악을 들으면 도파민 수치가 9퍼센트가량 증가한다고 하죠. 좋아하는 음악을 듣는 게 도파민 수치에 이토록 영향을 끼친다 하네요.

④ 명상하기

숙련된 명상 지도사 여덟 명을 대상으로 연구한 실험에서, 한 시간 동안 명상을 하고 나니 도파민 분비량이 64퍼센트나 증가한 것으로 나타났습니다.

⑤ 햇빛 쬐기

햇빛을 쬐면 기분이 나아지는 것, 경험해보셨나요? 햇빛이 충분하지 않은 겨울철에 '계절성 정서장애(SAD)'를 겪는 사람들이 있을 정도죠. 햇빛은 도파민 분비에도 영향을 미치니 충분히 쬐어주는 게 좋습니다. 다만 피부가 손상되는 걸 생각해서 선크림을 바른다거나 자외선이 강한 시간대를 피한다거나 하는 시침은 따라주시고요.

| 도파민 관리에 좋은 식습관 |

① 단백질 섭취하기

단백질을 구성하는 아미노산 가운데 '티로신'과 '페닐알라닌'은 도파민 생산에 영향을 미치는 중요한 효소입니다. 따라서 소고기, 달걀, 유제품, 콩 등 단백질이 풍부한 식품을 섭취하는 게 좋겠죠.

② 포화지방 줄이기

동물성 지방이나 버터, 야자유 등 포화지방이 다량 함유된 식품은 줄이는 게 좋습니다. 포화지방이 도파민 신호 전달을 방해할 수 있기 때문이랍니다.

③ 프로바이오틱스 챙겨 먹기

최근 몇 년 동안 과학자들은 뇌와 장이 밀접하게 연관되어 있음을 발견했습니다. 이로 인해 장을 '제2의 뇌'라고도 부르죠. 실제로 장 내에 도파민과 같은 신경전달물질 생산에 도움을 주는 신경세포가 많다고 합니다.

④ 벨벳콩 먹기

벨벳콩을 먹으면 도파민 수치가 올라가서 파킨슨병과 같은 운동장애에 도움을 줄 수 있다고 합니다. 심지어 벨벳콩이 파킨슨병 치료제보다 더 효과적이고 부작용은 적다는 연구 결과도 있죠.

⑤ 플라보노이드 식품 섭취하기

플라보노이드는 포도, 적포도주, 딸기, 블루베리, 체리, 녹차, 오렌지, 레몬,

자몽, 라임 등에 많이 포함되어 있는 성분입니다. 심장질환, 고혈압, 일부 암과 치매 등에 효과를 보이는데요. 한 연구 결과에 따르면 플라보노이드가 많이 든 음식을 자주 섭취하는 사람들은 도파민 분비가 촉진되어 파킨슨병에 걸릴 확률이 훨씬 줄어든다고 합니다.

⑥ 도파민 보충제 섭취하기

몸에서 도파민을 생성하기 위해서는 여러 비타민과 미네랄이 필요합니다. 철분, 니아신, 엽산, 비타민B6 등이 있죠. 어느 하나라도 부족하면 도파민 생산이 줄어들 수 있으니, 가장 좋은 방법은 혈액검사를 통해 어떤 영양소가 부족한지 확인하고 필요에 따라 영양제를 섭취하는 것입니다.

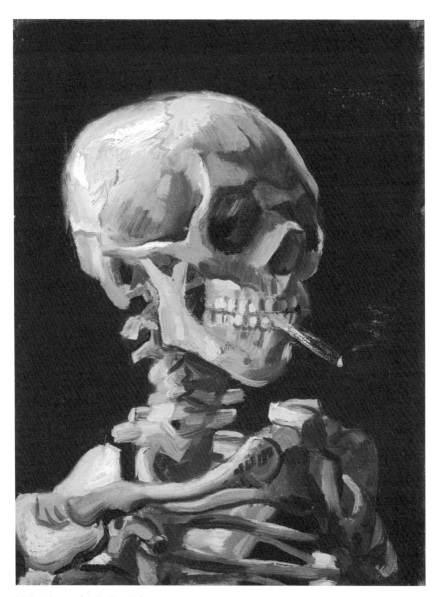

빈센트 반 고흐, 〈담배 피는 해골〉, 1885

불안이 잠식한 일상을
되찾을 수 있을까

스트레스	스트레스에 대항하기 위해 부신피질에서 분비되는 스
호르몬,	테로이드 호르몬이다. 지나치게 오랫동안 분비되면
코르티솔	다양한 부작용을 야기한다.

피카소의 '분노'와 달리의 '불안'

파블로 피카소Pablo Picasso의 대작인 〈게르니카〉는 스페인 내전에 대한 고발의 성격뿐만 아니라 반전反戰을 상징하고 있는 작품이기도 합니다.(128~129쪽)

1937년 파리에서 열린 만국박람회의 스페인관을 위해 제작된 〈게르니카〉는 1937년 프랑코 장군과 동맹군인 나치가 바스크 지방에서 투하한 폭격이 낳은 참상을 고발하는 주제를 다룬 기념비적인 작품입니다.

그림은 알고 있지만, 이 그림에 얽혀 있는 역사적 비극은 잘 모르는 사람들이 많지요. 20세기 초에 벌어진 일입니다. 당시 스페인은 내전을 치르고 있었습니다. 반란을 일으킨 프랑코 장군은 나치 독일에 지원을 요청하지요. 나치 독일은 폭격기를 이끌고 스페인 북부의 작은 마을 게르니카Guernica 위에 엄청난 양의 폭탄을 떨어뜨립니다. 이로 인해 도시는 폐허가 되었고 민간인은 학살당했습니다.

상식적으로 이해되지 않은 사건이었습니다. 게르니카는 군사적으로나 전략적으로 중요한 도시가 아니었거든요. 그렇다면 나치 독일은 왜 그런 만행을 저질렀던 걸까요? 이유는 무기 성능 테스트 때문이었습니다. 폭격기와 신형 폭탄의 성능을 테스트하기 위해서 게르니카를 쑥대밭으로 만든 거죠.

피카소는 〈게르니카〉를 통해 나치 독일을 고발하고, 전쟁에 대한 반감과 강렬한 분노를 표현하고자 했던 것 같습니다. 사물의 모습은 뒤틀렸고, 인물의 모습은 극히 변형되었죠. 소리를 내지르고 몸을 뒤트는 형상들은 전쟁의 폭력성을 연상케 합니다. 그들은 들쑥날쑥한 선과 산산이 분할된 면 위에 찢어진

울고 있는 어머니와 함께 울부짖는 황소

종잇장처럼 널려 있습니다. 폭격으로 파괴된 터전에서 살아가는 사람들의 삶이란 저런 모습일까요?

위의 부분도를 보면 한 어머니가 하늘을 향해 소리를 내지르고 있습니다. 그녀의 무릎 위에는 축 늘어진 아이가 안겨 있습니다. 어쩌면 전쟁의 비극은 이 모습 하나로 요약될 수 있을 듯합니다. 아이는 죽고 어머니는 울고 있으며 아버지는 그 자리에 없습니다. 어머니의 울음은 영원히 끝나지 않을 것 같습니다.

어머니의 뒤편에는 큰 소 한 마리가 서서 울고 있습니다. 갈고리처럼 뾰족하게 굽은 뿔로 보아 투우 경기에 참가하는 황소인 것 같습니다. 지금까지도 투우가 성행하는 스페인에서 황소

파블로 피카소, 〈게르니카〉, 1937

〈게르니카〉를 그리는 피카소

는 민족성을 상징하는 동물입니다.

피카소는 울부짖는 어머니와 황소를 나란히 배치함으로써 스페인의 뜨거운 민족성을 이끌어내고 그들의 분노와 좌절을 전 세계에 고발하고 있는 듯합니다.

비슷한 시기에 같은 소재로 그려진 또 다른 그림을 소개해 드리겠습니다. 피카소가 〈게르니카〉에 분노를 담아냈다면, 이어서 보여드릴 달리의 그림은 불안과 두려움을 이끌어내며 보는 이들을 숨죽이게 만듭니다.

살바도르 달리Salvador Dali는 스페인 카탈루냐 피게레스에서 출생하였습니다. 그가 태어나기 9개월 전 그의 형 살바도르가 죽었는데 중산층의 변호사였던 아버지는 그 이름을 그대로 동생인 살바도르 달리에게 붙여주었다고 합니다.

달리가 자신만의 미술양식을 형성하도록 도와준 두 번의 계기가 있었습니다. 하나는 잠재의식의 이미지에 드러난 성적인 의미를 연구하는 프로이트의 저서를 접한 것이고, 다른 하나는

살바도르 달리, 〈삶은 콩으로 만든 부드러운 구조물(내란의 예감)〉, 1936

이성의 속박에서 벗어나 무의식과 잠재의식을 표현하고자 애쓴 문필가와 예술가의 모임인 초현실주의파에 가입한 것입니다.

달리의 〈삶은 콩으로 만든 부드러운 구조물(내란의 예감)〉을 보면 불안과 공포감이 동시에 엄습하더군요. 이 작품은 스페인의 자기파멸을 암시하고 있습니다. 얼굴은 숨이 막힌다는 듯이 인상을 찌푸리고 있습니다. 스스로 자기 가슴을 꽉 쥐어짜고 있고, 스스로 제 발을 짓밟고 있습니다. 고통이 고통을 야기하는 파멸의 뫼비우스 띠처럼 보이는군요.

그림 전면에서 몸이 절단되어 있는 사람은 고통으로 절규하고 있는데, 배경에는 푸른 하늘과 흰 구름이 아무 일도 없다는 듯이 펼쳐져 있습니다. 이 아이러니한 조화가 전쟁의 잔혹함을 더욱 극명하게 보여주고 있지요. 이 그림이 완성된 직후 스페인에서는 파시스트 독재자인 프랑코의 군사반란이 시작되었고, 이것은 곧 스페인 내란으로 이어져 최소 50만 명 이상이 처형되거나 암살되었다지요.

뒤틀린 형상, 감춰진 인물의 표정, 비현실적인 풍경 등이 뒤엉키면서 전쟁이 우리 내면에 미치는 영향이 고스란히 드러나는 작품으로 탄생했습니다. 살바도르 달리는 프로이트 정신분석 이론에 나오는 무의식 속의 꿈이나 환상을 그림으로 표현하는 화가였습니다. 스스로 편집광적이라 말하며 비합리적인 환각 속의 내용을 사실적으로 표현하여 현대미술에 큰 영향을 미쳤습니다.

피카소와 달리라는 현대미술의 두 거장이 남긴 그림을 함께 감상하셨습니다. 방금 살펴본 그림들이 여러분에게 어떤 감정을 불러일으키는지요?

아마도 분노와 불안일 거라 생각합니다. 가뜩이나 우울하고 스트레스 받는데, 이런 작품들을 보여드리는 것이 죄송스럽습니다. 하지만 우리 몸속에 온전히 사랑과 기쁨의 호르몬만 있는 것은 결코 아니니까요. 분노와 불안이 엿보이는 작품 몇 점을 더 살펴보겠습니다.

교황도 해골도 피할 수 없는 스트레스

라파엘로Raffaello Sanzio는 이탈리아 르네상스의 3대 거장으로 불리는 화가입니다. 1508년 교황 율리오 2세의 부름을 받아 로마로 간 라파엘로는 교황의 화가로 눈부신 활동을 시작했고, 르네상스 미술의 이상인 조화와 균형, 절제의 미덕을 잘 구현한 화가로 평가받습니다.

〈교황 율리오 2세의 초상〉은 라파엘로가 29세에 그린 작품으로, 당시에 정형화되어 있던 초상화와는 다른 점이 인상적입니다. 초상화는 보통 권위를 드러내려는 목적을 가지고 있는 경향이 많지요. 그런데 〈교황 율리오 2세의 초상〉에서 교황은 지친

라파엘로 산치오, 〈교황 율리오 2세의 초상〉, 1512

표정과 축 처진 어깨를 한 채 어딘가 슬퍼 보이기까지 합니다. 교황이라는 엄청난 자리에 있음에도 고귀한 모습이 아니라 시름 깊은 표정을 지은 채 멍하니 허공을 바라봅니다.

라파엘로의 첫 후원자였던 율리오 2세는 당대 가장 강력한 지도자였으며, 불같은 성격으로 공포의 대상이었다고 합니다. 그런 사람을 이토록 인간적인 모습으로 표현한 이 작품을 통해 우리는 어렵지 않게 유추할 수 있지요. 아무리 강력한 권위를 가지고 있다 해도 인간사의 괴로움과 스트레스를 피할 길은 없다는 만고불변의 진리를요.

세상을 사는 동안 피할 길 없는 스트레스는 빈센트 반 고흐에게도 예외는 아니었나 봅니다. 앞에서 만난 기괴한 그림인 〈담배 피우는 해골〉을 그린 주인공이 고흐라는 사실이 놀랍게 느껴지네요. 〈해바라기〉를 그린 화가와 동일인물이라니요.

뼈만 남을 정도로 고민하고 괴로워할 일이 있던 걸까요? 〈담배 피우는 해골〉을 보고 있으면 정열적으로 그림을 그렸으나 생전에 인정받지 못하고 어려운 생활고에 시달렸던 고흐의 모습이 겹쳐 보입니다.

해골의 모습이지만, 입을 꽉 다물고 담배를 피우는 모습에서 그가 겪었을 고뇌와 고통이 전해지는 듯하네요.

반 고흐는 평생 구백여 점의 그림과 천여 점의 습작들을 그렸는데요. 이 모든 작품이 겨우 10년 동안 탄생한 것들입니다. 그가 정신질환을 앓고 자살을 감행하기 전까지의 10년이란 기간 동안 말입니다.

1901년은 고흐가 비로소 무명에서 벗어난 해입니다. 파리 전시회에 고흐의 그림 71점이 전시되었고, 급속도로 명성을 얻게 되었지요. 문제는 1901년이 고흐가 죽은 지 11년이 지난 해였다는 점입니다. 참으로 아이러니한 운명입니다.

〈담배 피는 해골〉은 1885년경 벨기에 앤트워프에 머물면서 그린 것입니다. 당시 고흐는 앤트워프 왕립미술학교에 합격하여 본격적으로 미술 공부를 시작했는데, 그림에 꼭 필요한 해부학 공부를 하던 중에 이 그림을 그린 것으로 추정됩니다. 그런데 특이하게도 해골에 담배를 물렸습니다. 고흐는 서양 미술사에서 둘째가라면 서러울 정도로 골초였기 때문일까요? 그는 10대 시절부터 담배를 피기 시작해서 죽는 순간까지 손에서 담배를 놓지 않았다고 합니다.

예술에 대한 집념은 엄청난 육체적, 정신적 스트레스를 요구하지요. 담배를 물고 있는 해골의 모습은 극도의 스트레스를 견뎌야 했던 고흐의 자화상이 아닐까 싶습니다.

샤갈이 휴식을 취하는 법

불안과 스트레스로 어쩔 줄을 모르는 여러 그림들을 소개하다

보니 여러분들에게도 이 부정적인 마음이 전염되진 않았을까 걱정이 됩니다. 지속적인 우울감이나 스트레스에 노출되어 있으면 코르티솔이란 호르몬 수치가 높은 상태로 유지되는데, 이렇게 되면 혈액 속 지방과 혈당수치를 높여 피로와 무기력증은 물론 비만, 고혈압, 당뇨병까지 초래합니다.

그렇기 때문에 각자에게 맞는 방식대로 스트레스를 꼭 풀어주어야 합니다. 러시아 출신의 화가 마르크 샤갈Marc Chagall의 스트레스 해소법을 참고해보는 것도 좋겠네요.

샤갈은 지치고 힘들 때면 고향을 생각하며 그림을 그렸다고 합니다. 샤갈의 고향은 당시 러시아 제국의 벨라루스 공화국이었는데, 작품 활동은 거의 프랑스 파리에서 이루어졌지요. 샤갈은 러시아인이었지만, 유대인의 핏줄을 갖고 있었습니다. 그로 인해 여러 부당한 일을 겪었고 어쩔 수 없이 개명까지 하게 됩니다.

실은 마르크 샤갈의 본명이 '모이세 샤갈Moishe Shagal'이었지요. 샤갈은 자신이 고향과 정체성을 부정했다는 생각에 자괴감을 느꼈다고 합니다. 이를 달래기 위해서 고향을 향한 애틋한 마음을 담아 몽환적인 그림들을 그렸지요.

꿈에서도 그리운 고향을 그리는 화가, 아름다운 시를 읽는 듯이 그림을 그리는 화가 마르크 샤갈…… 그는 러시아 민속을 담은 주제와 유대인의 성서에서 영감을 받아 인간의 원초적인 향수와 동경, 꿈과 그리움, 사랑과 낭만, 환희와 슬픔 등을 눈부신 색채로 펼친 표현주의의 거장입니다.

파리에서 입체주의와 야수주의, 그리고 표현주의까지 골고루 영향을 받았지만 샤갈은 결국 자신만의 고유하고 독창적인 예술세계를 개척했습니다.

그의 작품들은 '색채의 마법사'라는 별명답게 아름다운 색채들이 어우러져 있어서 언제나 샤갈과 그의 마을이 남겨준 향수, 즉 노스탤지어nostalgia를 자아냅니다.

샤갈의 〈나와 마을〉은 고향을 떠나 파리로 온 이듬해에 스물넷의 청년 샤갈이 처음으로 자신의 고향을 그린 작품입니다. 곳곳에 뭉클거리는 그리움이 느껴지는 특이한 구성으로, 화면의 왼쪽에는 염소가, 오른쪽에는 샤갈의 초록색 얼굴이 있습니다. 눈망울이 그렁그렁한 이 염소의 눈동자는 사람처럼 친근하고 푸근하게 안부를 묻는 것 같습니다.

여기에 초록색 얼굴의 샤갈은 흰 눈동자와 흰 입술, 그리고 초록색 손톱의 손으로 나무를 쥐고 있네요. 염소와 샤갈은 정겨이 얼굴을 마주한 채 이야기를 나누고 있습니다. 염소의 뺨을 면으로 나눠 한쪽에는 푸른색과 흰색, 붉은색이 교차하고 있습니다. 염소의 뺨에는 염소젖을 짜고 있는 어머니의 모습이, 그림 상단에는 낫을 들고 밭으로 가는 아버지의 모습이, 그리고 동생인지 애인인지 알 수 없지만 그 앞에 거꾸로 선 소녀도 보이네요.

마르크 샤갈, 〈나와 마을〉, 1911

샤갈과 염소 사이로 난 길을 따라가면 샤갈의 고향 마을이 보이죠? 샤갈은 유대인들의 교회와 건물들, 그리고 심지어 고향 마을의 집들도 뒤집어 그렸습니다. 건물들의 화려한 색감들과 이 모호한 공간들은 그리움으로 충만한 샤갈만의 고향을 보여줍니다.

우리에게 샤갈의 고향 같은 곳은 없을지 모르지요. 하지만 생각만 해도 마음이 포근해지는 무언가는 분명 있을 겁니다. 사랑하는 장소일 수도 있고, 사랑하는 사람 혹은 반려동물일 수도 있죠. 스트레스가 여러분을 괴롭힐 때 눈을 감고 샤갈처럼 그려보시기를 바랍니다. 나만의 애틋한 고향을 말입니다.

유대인이자 러시아 출생인 샤갈은 프랑스에서 살아가면서 겪었을 이방인의 외로움과 스트레스를 이처럼 환상적인 고향을 그림으로써 조금씩 해소했을 것입니다. 뭉크처럼 고통을 있는 그대로 표출하는 화가가 있는 반면, 이렇게 더 아름다운 것을 추구함으로써 고통을 견뎌내는 방법이 있다는 것을 샤갈은 우리에게 알려주고 있지요.

자꾸 울리는 몸속의 사이렌

그림을 뒤로 하고 코르티솔에 대해 조금 설명해볼게요. 부신피질에서 주로 분비되는 코르티솔은 스트레스 호르몬이라고 해서,

원래는 스트레스에 대항하여 나오는 호르몬입니다.

하지만 지나치게 많이, 그리고 오래 분비되면 문제가 생길 수 있고, 반대로 너무 분비가 안 되어도 스트레스에 대항하지 못해서 피로감뿐만 아니라 기본적인 생체방어 능력까지 떨어뜨리게 됩니다.

코르티솔과 알도스테론 모두 부신피질에서 생성되는 코르티코이드 호르몬의 일종입니다. 우리에게는 '스테로이드'라는 이름으로 더 잘 알려져 있지요. 알도스테론은 무기질 코르티코이드로, 수분과 전해질의 흡수에 관여하여 혈압 및 혈액량을 조절하는 기능을 합니다. 코르티솔은 무기질이 아닌 당질 코르티코이드입니다. 스트레스나 자극에 대한 우리 몸의 대사와 면역 반응을 조절하고, 급성 스트레스에 대항할 수 있도록 에너지를 공급해줍니다.

한편 부신수질에서 나오는 도파민, 에피네프린(아드레날린)과 노르에피네프린을 총칭해서 카테콜아민이라고 하는데, 혈압 조절, 스트레스 대응, 그리고 혈당 상승을 일으켜서 위기에 대처하는 호르몬입니다. 카테콜아민은 코르티솔처럼 인체가 위험에 처했을 때 가장 즉각적인 방어 상태에 들어가도록 하는 기능을 지니고 있습니다.

코르티솔을 스트레스 호르몬이라 하여 무조건 부정적인 호르몬으로 보면 안 됩니다. 다만 과해도 문제, 부족해도 문제인 것

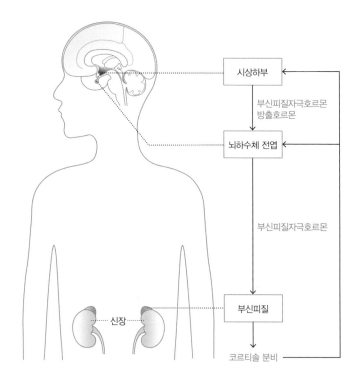

시상하부

부신피질자극호르몬
방출호르몬

뇌하수체 전엽

부신피질자극호르몬

부신피질

신장

코르티솔 분비

코르티솔 시스템 시상하부에서 부신피질자극호르몬 방출호르몬을 분비하면, 뇌하수체 전엽에서 부신피질자극호르몬을 분비한다. 이는 부신피질로 전달되어 코르티솔 분비로 이어진다. 갑상선호르몬 시스템과 마찬가지로, 시상하부와 뇌하수체 전엽의 호르몬 분비량은 코르티솔 수치가 일정하게 유지되도록 조절된다.

처럼, 이 코르티솔이 오랫동안 분비되면 우리 몸 이곳저곳에 빨간 신호등이 켜지는 것은 자명한 일이겠지요. 스트레스로 인한 코르티솔이 많아지면 신체 대사가 불균형해지고 쉽게 배가 고파집니다. 이럴 땐 건강에 안 좋은 자극적인 음식들을 먹기보다 우울하고 불안한 마음을 가라앉힐 수 있는 음식들을 먹는 게 도움이 됩니다.

스테로이드 약물 치료를 받거나, 뇌하수체 혹은 부신의 문제로 인해 스테로이드 호르몬이 체내에 과도하게 작용할 경우, '쿠싱병'이라고 하는 질병이 생길 수 있습니다. 쿠싱병은 체중 증가, 달덩이 같은 얼굴, 혈당 증가, 피부 얇아짐, 골다공증 등의 증상을 일으키는 무시무시한 질병입니다. 조기 진단하여 신속하게 치료하지 않으면 성인병으로 이어질 수 있고요.

제 진료실을 방문했던 한 환자분은 고혈압과 당뇨병 때문에 걱정이셨는데, 얼굴이나 체형이 전형적인 쿠싱병 환자였습니다. 호르몬 검사를 권해드렸고, 그제야 코르티솔 분비에 문제가 있다는 사실을 발견했지요.

간혹 운동선수가 도핑 검사에서 스테로이드 약물 사용이 적발되었다는 뉴스를 본 적이 있으실 겁니다. 이 스테로이드는 오남용해서는 결코 안 되는 약물입니다. 이 약물을 장기 복용하면 부신 본연의 기능이 점차 약해지기 때문이지요. 그러면 나중에는 부신 호르몬이 잘 나오지 않으면서 세상만사가 다 귀찮은 만성피로 증후군, 심각한 쇼크 등을 유발할 수 있습니다. 비유하자면 과외를 너무 많이 받다

보니 장기가 자기주도학습 능력을 잃어버린 셈이지요.

코르티솔이 건강에 무조건 안 좋은 것은 아니에요. 하지만 스트레스 받을 일이 많은 현대사회에서는 경계할 필요가 있겠지요. 스트레스로 괴로운 날에 자극적인 음식을 멀리하고 심신에 도움이 될 식품들을 소개합니다.

| 코르티솔 해소에 도움이 되는 식품 |

① 바나나

바나나에는 트립토판 성분이 들어 있습니다. 트립토판은 행복 호르몬인 세로토닌이 분비되는 걸 촉진하는 호르몬입니다. 바나나에 함유된 비타민B는 체내 호모시스테인 수치를 낮추는 역할을 하는데, 호모시스테인은 아미노산이 분해되면서 나오는 대사물질로, 수치가 높으면 세로토닌과 도파민 분비를 저해합니다. 즉 비타민B를 섭취해야 세로토닌과 도파민 분비를 촉진할 수 있습니다. 또한 바나나에 함유된 마그네슘과 칼륨이 긴장된 근육을 이완해서 마음을 차분하게 가라앉히는 데 도움을 줍니다.

② 호두

호두에는 식물성 오메가3 지방산인 리놀렌산이 다른 견과류보다 많이 들어 있습니다. 오메가3 지방산이 스트레스를 완화하고 세로토닌의 분비량을 늘리는 데 도움을 주기 때문에 호두는 스트레스와 불안감을 해소하는 효과적인 식품입니다. 마그네슘이 풍부해서 긴장을 이완하는 데 도움을 주고, 칼륨과 비타민B1이 있어 피로 해소와 고혈압 예방에도 좋습니다. 단, 열량이 높기 때문에 하루에 한 줌(30g) 정도를 먹는 게 적당합니다. 호두뿐 아니라 피스타치오, 캐슈너트, 아몬드 등 대부분의 견과류가 스트레스 완화에 도움을 줍니다.

③ 연어

연어 또한 오메가3 지방산을 많이 함유하고 있습니다. 스트레스 완화와 세로토닌 분비에 도움을 주는 오메가3 지방산은 연어뿐만 아니라 고등어, 꽁치 같은 등푸른생선에 많이 들어 있습니다.

④ 허브차

허브차, 특히 라벤더는 심신 안정에 효과가 탁월하여 대체의학에서 불면증, 우울증 완화에 이를 많이 사용한다고 합니다. 실제로 라벤더의 향을 내는 리날로올 성분이 불안 증세를 개선한다는 일본의 연구 결과가 있지요. 캐모마일차도 좋습니다. 캐모마일에는 항산화물질이 있어 염증을 감소시키고, 신경안정 효과가 있어 수면 보조제로도 많이 활용됩니다.

⑤ 다크초콜릿

다크초콜릿은 코르티솔 수치를 떨어뜨리고 혈압을 낮춰주는 효과도 있죠. 기왕이면 아몬드가 들어간 다크초콜릿이면 더 좋겠지요. 아몬드는 에너지를 높이는 단백질과 몸에 좋은 단일 불포화지방을 함유하고 있어 우울증에 도움이 됩니다.

⑥ 고구마

고구마에는 긍정적인 생각을 증진하는 영양소인 카로티노이드와 섬유질이 풍부하게 들어 있습니다. 달콤한 고구마는 혈당을 크게 상승시키지 않으면서 단맛을 충분히 느끼게 해주는 건강식품입니다.

⑦ 녹차

녹차에는 L-테아닌이라는 아미노산이 들어 있습니다. 이 성분은 뇌 건강과 불안증 감소에 긍정적인 효과가 있는데, 연구에 따르면 L-테아닌을 섭취한 사람들은 심장이 빠르게 뛰는 것 같은 불안 증상이 덜 나타나는 것으로 밝혀졌습니다. 물론 코르티솔 수치를 낮춰주기도 하고요.

프란스 할스, 〈즐거운 술꾼〉, 1630

갑자기 닥치는 혈관 안의 폭풍우

혈압 호르몬, 레닌

콩팥에서 분비되는 단백질 분해효소의 일종으로, 혈류량에 따라 호르몬 양이 변화하여 혈압을 조절하는 기능을 한다.

초상화 속 인물에게 고혈압 진단을

한국인들의 대표적인 만성질환, 바로 고혈압입니다. 고혈압은 나이, 비만, 기저질환, 유전적 요인 등으로 인해 생겨날 수 있습니다. 건강보험심사평가원에 따르면, 고혈압으로 내원하는 환자가 2016년에서 2020년 사이에 82만 명이나 증가했다고 합니다. 고혈압이 무서운 이유는 당뇨병이나 대사증후군과 마찬가지로 합병증을 동반하기 때문이에요. 특히나 고혈압은 뚜렷한 증상이 없다는 게 문제입니다. '나 고혈압이구나!' 하고 알아챘을 때는 이미 합병증이 진행되고 있을 가능성이 있습니다.

그런데 이런 고혈압도 호르몬의 지배를 받는다는 사실을 알고 계시는지요? 콩팥에서 분비되는 단백질 분해효소의 일종인 레닌이라는 호르몬인데요. 이 방에서는 고혈압과 레닌을 연상케 하는 명화를 살펴보겠습니다. 직접적인 연관은 없지만, 고혈압의 위험천만한 느낌이 고스란히 담겨 있는 작품들입니다. 적어도 제 눈에는 말입니다.

먼저 방의 입구에서 만난 프란스 할스의 〈즐거운 술꾼〉입니다. 프란스 할스는 교황이나 왕족 같은 특권층의 권위적인 초상화가 아닌, 이 그림처럼 일상의 소탈함을 담은 서민들의 초상을 많이 그린 화가지요. 그림 속 인물은 〈즐거운 술꾼〉이라는 제목 그대로 기분 좋은 듯 취기 어린 표정이네요.

하지만 술꾼의 모습을 자세히 보면 술을 마시는 일상이 하루 이틀이 아닌 것 같죠? 벌게진 콧잔등과 상기된 얼굴, 한껏 풀린 눈을 한 채 왼손에 술잔을 들고 있네요. 오른손으로는 술자리 저편에 앉은 벗에게 인사를 하는 걸까요? 이 아저씨한테 잘못 붙잡혔다가는 오늘 밤에 집에는 못 들어갈 듯합니다.

와인 한 잔은 심혈관 건강에 좋다는 이야기가 있습니다. 실제로 고혈압 환자에게도 소량의 알코올은 심혈관 건강에 도움이 됩니다. 여기서 '소량'은 한 잔 이내를 뜻합니다. 한 잔을 넘어서자마자 알코올은 독으로 바뀌기 시작합니다. 하루에 소주 네 잔을 마실 경우, 고혈압 발생 위험이 50퍼센트나 증가하는 것으로 알려져 있습니다. 그보다 많은 양을 마시면 부정맥이나 심부전증으로 이어질 수 있지요.

제가 보기에 그림의 술꾼은 고혈압을 조심해야 하지 않을까 싶습니다. 술은 더 많은 술을 부르고, 더 많은 술은 고혈압을 부르니 말입니다. 고혈압은 흔히 '생활 습관병'이라고 불립니다. 술, 담배, 과식, 운동 부족 같은 나쁜 생활 습관으로 인해 발생하기 때문이지요. 거꾸로 말하면, 좋은 생활 습관으로 고혈압을 예방할 수 있다는 의미이기도 합니다. 잠깐의 즐거운 기분 때문에 술잔을 채우지 말자고요. 건강한 인생에는 더 기분 좋은 일이 찾아올 테니 말이에요.

'고요 속의 폭풍'을 잊지 말라

가쓰시카 호쿠사이葛飾北斎는 일본 에도시대에 활약한 목판화가입니다. 총 3만 점이 넘는 작품을 남긴 그는 생전에 '삼라만상의 모든 것을 그림에 담는 것'을 목표로 했다 하지요. 일본의 판화 역사에 큰 족적을 남긴 〈후가쿠 36경富嶽三十六景〉으로 유명합니다. 특이하게도 클로드 모네, 반 고흐, 르누아르 같은 서양 화가들이 호쿠사이의 작품을 극찬했고 그로부터 영감을 얻었다고 해요.

호쿠사이는 평생 이사를 93번이나 감행했고, 별호別號도 서른 번 이상이나 바꾸었다고 합니다. 평소의 좌우명이 "지금 서 있는 곳에 물들지 말 것"이었다고 하지요. 이곳저곳을 떠돌아다니며 그림에만 매진한 호쿠사이의 행적은 대단하다 싶으면서도 기이하다는 생각이 듭니다. 호쿠사이는 자신을 '가쿄진畵狂人(그림에 미친 화가)'이라 표현했다고 합니다. 그 말이 꼭 들어맞는 화가였던 것 같습니다.

이 작품은 〈후지산 정상 아래의 뇌우〉입니다. 푸르스름한 산맥을 뚫고 하늘을 찌르듯이 치솟은 후지산의 모습입니다. 흰 눈이 쌓인 후지산은 마치 백발의 노인처럼 인간 세상의 신산스러움을 묵묵히 내려다보고 있습니다.

언뜻 보기에 평이한 풍경화로 보이는 이 그림을 독특하게 만

가쓰시카 호쿠사이, 〈후지산 정상 아래의 뇌우〉, 1832

들어주는 것은 불그스름한 뇌우雷雨입니다. 뇌우는 본래 하늘에서 내리치는 것이지요. 그런데 이 작품에서 뇌우는 후지산 안에 숨어 있습니다. 언젠가 후지산이 용암을 내뿜으며 터져 나올 때, 천둥소리를 이끌고 세상에 제 모습을 드러내기 위해서 힘을 모으고 있습니다. 새하얀 구름이 뭉게뭉게 떠 있는 하늘과는 대조되는 모습입니다.

뇌우가 땅에서 솟아나 하늘로 울려 퍼지면 후지산 일대는 쑥대밭이 될 겁니다. 사람들은 소중한 일상을 송두리째 빼앗기겠지요. 아무것도 모르는 듯이 새파란 하늘과 땅속에서 들끓는 에너지는 우리에게 긴장과 불안감을 불러일으킵니다.

이 그림을 마주한 저는 혈관이 터지기 직전까지 혈압이 상승하는 기분이 들었습니다. 이 한 폭의 풍경화는 고혈압의 전말과 참으로 닮아 있는 듯합니다. 혹시 들어본 적이 있는지요. 고혈압에 '침묵의 살인자'라는 별명이 있다는 사실을요.

심장에서 말이 달린다면

넵튠은 로마신화에 나오는 바다의 신으로, 그리스신화의 포세이돈을 말합니다. 포세이돈은 바다의 신이면서, 동시에 인간에게 처음 말을 선물한 '말의 수호신'이기도 합니다. 신화에 따르면 포세이돈 덕분에 인간은 말을 길들이고 번식시킬 수 있었다고 하지요.

포세이돈의 상징인 삼지창으로 땅을 치면 온 땅이 흔들리며 갈라지고, 바다를 치면 바다가 뒤집혀 산더미 같은 파도가 하늘로 솟아오릅니다. 그러니까 포세이돈의 삼지창 하나로 지진이 일어나고 쓰나미가 휩쓸려오는 것이지요. 그래서 포세이돈은 또한 지진의 신으로 불리기도 합니다.

월터 크레인Walter Crane의 〈넵튠의 말들〉은 말과 파도가 하나를 이루어서 신화적인 대서사시의 한 장면을 보여주고 있습니

월터 크레인, 〈넵튠의 말들〉, 1910

다. 파도가 치는 소리와 말이 달리는 소리가 함께 들려오는 듯합니다.

요란한 말발굽 소리를 생각하니, 예전 의과대학에서 한 교수님이 말씀하셨던 이야기가 떠오르네요. 병원에 가면 의사가 청진기를 심장 쪽에 대고 청진을 하지요? 심장박동이 정상적인지 확인하는 기본적인 절차입니다. 이때 심장이 비정상적으로 빠르게 뛰는 것을 '갤럽gallop'이라고 합니다. '말이 전속력으로 달리다'라는 뜻으로, 의학계에서는 '말달림 심장음'이라고 번역합니다. 심장 소리가 갤럽이라면 조심해야 한다는 것이지요.

저는 이 그림을 보면 심장에서 방출되는 혈액이 혈관벽과 장기들에 영향을 미치는 현상이 연상됩니다. 우리 몸의 혈류와 혈압은 순차적으로 혈관벽을 때리는데, 이때 억센 심근에서 방출되는 혈액은 거친 파도와 같거든요. 그 역동적인 혈류는 우리가 살아 있을 수 있게 만듭니다. 그러나 그 힘이 과해지면 혈관벽에 염증을 유발해서 심혈관 질환으로 이어질 수 있다는 걸 명심해야 합니다. 바다는 늘 거대한 파도를 숨기고 있는 법이지요.

해가 지는 푸르빌 바닷가에서

마지막 작품은 앞의 긴장이 감도는 작품과 달리 마음을 편안하게 누그러뜨리는 그림으로 준비했습니다. 인상주의의 대가인 클로드 모네의 〈푸르빌의 일몰〉입니다. 언젠가 해 질 녘에 바닷가를 거닐었던 기억을 떠올리게 만드는 작품이지요.

빛은 시시각각 변화하고, 잠깐 머물렀다가 떠납니다. 빛에 몰두한 클로드 모네는 어느새 달아나는 빛의 꼬리를 붙잡기 위해서 평생을 애썼습니다. 물, 안개, 수증기 등을 탁월하게 묘사한 모네는 그야말로 빛의 화가였지요. 온종일 빛을 보면서 작업을 하느라 말년에는 백내장으로 시력을 거의 잃기도 했지만, 결코

클로드 모네, 〈푸르빌의 일몰〉, 1882

붓을 놓지는 않았지요.

이 작품의 배경이 되는 푸르빌은 프랑스 노르망디에 위치한 바닷가입니다. 모네의 작품 활동에 굉장히 중요한 역할을 한 장소라서 푸르빌에 대해 간단하게 소개해드리고 싶습니다. 모네가 활동하던 당시 막 움트고 있던 인상주의는 미술계에서 좋은 평가를 받지 못하고 있었지요. 인상주의를 이끌던 모네 역시 그림이 팔리지 않아 생활고를 겪었습니다. 모네는 돈이 없어서 호텔

숙박료가 저렴했던 푸르빌에 묵으면서 작업을 했습니다. 그런데 뜻밖에도 푸르빌의 풍경은 그 어느 곳보다 아름다웠지요.

인상주의 작품 전시회는 번번이 실패로 돌아갔지만, 모네가 푸르빌에서 그린 작품들은 반응이 좋았습니다. 그 덕분에 경제적인 문제를 많이 해결할 수 있었고, 지베르니로 이사를 와서 그 유명한 수련 연작을 그릴 수 있었지요. 이런 이야기를 들으니 〈푸르빌의 일몰〉이 한층 더 평온하고 희망차게 느껴지지 않으시나요?

간혹 드라마에서 보면, 너무 화가 난 나머지 뒷덜미를 붙잡고 쓰러지는 장면이 있습니다. 실제로 고혈압은 건강상의 문제로 생기기도 하지만, 욱하는 분노와 스트레스로 발병하기도 합니다. 때때로 분노가 여러분을 괴롭힐 때면 풍랑이 그치고 잠잠해진 바다를 떠올려보는 건 어떨까요? 푸르빌에서는 오늘도 해가 지고 있답니다.

호르몬에 끌려가지 말고 조종하도록

콩팥에서 분비되는 혈압 호르몬 레닌은 콩팥의 혈류량에 따라 분비량이 달라집니다. 혈류량이 적어지면 레닌이 많이 분비되고, 혈류량이 증가하면 레닌의 분비가 억제되지요. 이런 방식으로 혈압이 조절되는 것입니다.

고혈압을 진단할 때는 레닌 수치를 우선 검사합니다. 이때 이상이 발견되면 알도스테론 수치도 추가로 검사하여 질병 여부를 확인합니다. 앞서 이야기했듯, 알도스테론은 나트륨을 보존하고 칼륨을 제거함으로써 혈압을 조절하는 역할을 하는 호르몬이지요.

젊은 나이에 고혈압을 진단받는 사람들이 점차 많아지고 있습니다. 제가 건너서 아는 지인은 고혈압을 진단받고 고혈압 약제를 복용했습니다. 그런데 약으로 혈압이 조절되지 않아 더 강한 약을 처방받았지요. 그렇게 강한 약을 복용하다가 나중에야 깨달았습니다. 문제가 호르몬이라는 것을요.

이런 경우를 본태성 고혈압이 아니라 이차성 고혈압이라고 합니다. 그 지인은 가족 내력이 문제가 아니라 부신피질에 종양이 생겨 알도스테론이 과잉 분비되던 것이 문제였습니다. 이처럼 갑상선호르몬, 성장호르몬, 알도스테론, 코르티솔, 카테콜아민 등 고혈압을 유발할 수 있는 호르몬에 이상이 생겼을 때는 고혈압 약제만 복용하지 말고 호르몬적인 처방을 받아야 합니다.

혈관 건강을 위해서는 무엇보다 저나트륨 식단을 선택해야 하고, 상저기 난 혈관을 튼튼하게 해주는 식품을 먹어야 합니다. 특히 혈액의 점도와 혈류를 개선하는 퀘르세틴 성분이 많은 양파와 알리신 성분이 많은 마늘, 알긴산이 많은 해조류 등이 도움이 됩니다.

나트륨 섭취가 많아지면 전신 혈압이 높아지게 되어 신장의 사구체 및 주변 혈관들에 높은 압력이 전해집니다. 이 때문에 사구체와 혈관이 손상되면 만성 신장병으로 굳어지게 되지요. 만성 신장병이 되면 염분의 배설이 감소하여 염분이 축적되고 레닌 및 앤지오텐신 호르몬 증가로 인해 고혈압을 더욱 악화되는 악순환이 계속됩니다.

고혈압은 노크를 하지 않습니다. 건강 경비가 허술한 틈을 타서 잽싸게 들이닥칩니다. 평소에 꾸준하게 건강을 지키는 게 무엇보다 중요합니다. 그래서 이번에는 고혈압 관리에 나쁜 생활 습관과 좋은 생활 습관을 함께 소개해드리겠습니다.

| 고혈압 관리에 나쁜 생활 습관 |

① 고나트륨 식품 섭취

코로나19로 집에 머무는 시간이 길어지면서 배달 음식이나 간편 조리 음식을 이용하는 사람들이 많아졌습니다. 스트레스를 푼다며 자극적인 음식도 많이 섭취하죠. 이런 고나트륨 식품의 섭취가 늘면서 현대인의 건강에 적신호가 켜졌습니다. 세계보건기구에서 정한 성인의 하루 나트륨 섭취 권장량은 2000밀리그램인데, 우리나라 사람들의 평균 섭취량은 4000밀리그램에 이른다고 합니다. 음식을 사 먹기 전에 나트륨 함량을 확인하고 가능한 한 가공 음식을 적게 먹는 습관을 들여야 합니다.

② 오래 앉아 있는 습관

직장인은 어쩔 수 없이 사무실 의자에 오랜 시간 앉아 있어야 하는데, 이때 혈류에 영향을 주어 심혈관 문제를 일으킬 수 있습니다. 또한 에너지 소비가 적어 복부지방 축적, 체중 증가로 이어질 수 있죠. 앉아 있다가도 이따금 일어나서 스트레칭을 해주는 게 좋습니다.

③ 흡연

담배에 든 니코틴은 우리 몸의 교감신경계에 작용해서 맥박을 빠르게 하고 혈압을 일시적으로 상승시킵니다. 일시적으로 상승한 뒤에 다시 원래대로 돌아오지만, 흡연을 자주 하면 할수록 혈압이 높아진 채로 유지되는 시간이 길어집니다. 또한 담배 속 일산화탄소는 혈관에 직접 작용해서 신체 건강을 위협합니다. 흡연은 악성 고혈압과 뇌혈관 장애의 발생 확률을 높이기 때문에 간접흡연을 포함하여 흡연과는 완전히 거리를 두는 게 좋습니다.

| 고혈압 관리에 좋은 생활 습관 |

① 양파 먹기

양파에 많은 퀘르세틴 성분은 지방과 콜레스테롤이 혈관에 쌓이는 걸 억제하여 고혈압을 예방해줍니다. 또 알리신 성분도 많이 함유돼 있는데, 이는 몸속에서 일산화질소를 배출해서 혈관이 딱딱해지는 걸 막습니다. 고기 같은 동물성 지방을 먹을 때는 혈관 건강을 위해 양파를 곁들이는 게 좋습니다. 양파에는 몸에 해로운 활성산소나 과산화지질이 세포를 공격하는 걸 막아주고 염증 및 상처를 회복하게 하는 효과도 있습니다.

② 김치와 국물 섭취를 줄이기

우리나라 사람들이 염분을 가장 많이 섭취하는 식품은 김치류, 국·찌개류, 어패류 순입니다. 염분을 줄이려면 식탁에서 김치와 국물을 치우는 게 중요하겠죠. 또는 음식을 만들 때 양념장이나 화학조미료 사용을 줄여서 만드는 것도 한 방법입니다.

③ 절임류, 육가공 식품, 패스트푸드 줄이기

젓갈·장아찌 등의 절임 음식, 소시지·햄·치즈 등의 육가공 식품, 햄버거·피자·치킨 등의 패스트푸드에는 염분이 굉장히 많이 함유돼 있기 때문에 적게 먹으려고 노력해야 합니다. 특히 우리가 자주 먹는 라면에는 개당 평균 2100밀리그램 정도의 나트륨이 들어 있어, 되도록 분말수프를 적게 넣거나 국물을 먹지 않는 게 좋습니다.

④ 칼륨 섭취하기

칼륨은 체내에 쌓인 나트륨을 배출하는 데 도움을 줍니다. 칼륨이 많이 든 음식은 바나나, 감자, 아보카도, 키위, 멜론, 수박, 토마토, 시금치 등이 있습니다. 다만 신장이 안 좋은 환자는 칼륨 함량이 높은 과채류가 오히려 위험할 수 있으니 주의해야 합니다.

슬픔 哀

제3관

슬픔을 달래주는 명화 처방전

프레더릭 레이턴, 〈타오르는 6월〉, 1895

여덟 번째 방

잠든 아름다움을 깨우는 호르몬

**수면과
면역 호르몬,
멜라토닌**

불면증이나 기면증뿐만 아니라 치매, 면역력 저하, 코로나19와 같은 감염병, 심지어 기미, 검버섯도 모두 멜라토닌의 영향을 받는다.

이번 방에서는 천경자 화백의 〈내 슬픈 전설의 22페이지〉로 이야기를 시작하려고 해요. 고 천경자 화백의 그림은 유난히 고혹적인 여인의 모습이 다수를 차지하고 있습니다. 이 그림 또한 화려한 색감과 극적인 연출이 특징으로, 여인의 꿈과 고독을 담아냈다는 평가를 받습니다.

선명한 이목구비에 푸른빛이 감돕니다. 눈두덩은 푹 꺼져 있고, 뺨은 홀쭉하죠. 밤새 한숨도 제대로 잠을 이루지 못한 기색입니다. 의사의 소견으로 이야기하자면, 이것은 멜라토닌 부족 증세입니다.

멜라토닌은 흔히 '수면 호르몬'으로 알려져 있습니다. 그러나 최근 연구에 따르면 혈압과 혈당의 조절, 심지어 피부색에 영향을 미치는 멜라닌과도 관련이 있다고 하지요. 실제로 멜라토닌이 처음 발견된 것도 색깔을 바꾸는 일부 파충류와 양서류를 연구하던 도중이었습니다.

1917년 초, 맥코드Carey McCord와 앨런Floyd Allen은 개구리에게 소의 송과샘을 먹이자 개구리의 피부색이 밝아지는 현상을 발견합니다. 그리고 그 원인이 멜라토닌이 피부색소에 작용하기 때문이라는 걸 알게 되었죠. 이후 이 호르몬은 '멜라닌세포에 영향을 주는 호르몬'이라는 뜻에서 '멜라토닌'이라고 이름 붙여지게

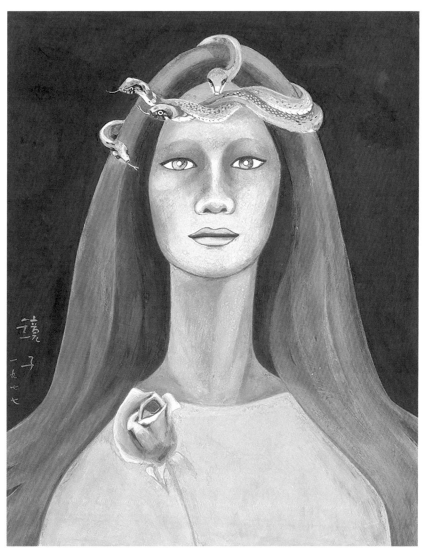

천경자, 〈내 슬픈 전설의 22페이지〉, 1978

됩니다.

멜라토닌이 부족하면 수면장애에 시달리는 것은 물론, 혈당이 떨어져서 기운이 없고 낯빛도 어두워지게 됩니다. '미인은 잠꾸러기'라는 말은 의학적으로 일리가 있는 표현이라 할 수 있습니다. 피부 미인이 되려면 멜라토닌 보충을 위해 잠을 푹 자야 하니까요.

〈내 슬픈 전설의 22페이지〉 속 여인의 머리 위를 보면 뱀이 보입니다. 천경자 화백은 '뱀'을 상징물로서 자주 활용했습니다. 뱀은 흔히 음흉하고 위험한 동물로 여겨지지만 그리스신화에선 반대의 의미로 사용됩니다.

의술의 신 아스클레피오스는 죽은 자도 살릴 수 있었다는 인류 최초의 의사입니다. 태양신 아폴론과 공주 코로니스 사이에서 태어난 반인반신입니다. 어머니 코로니스는 아폴론을 사랑했지만, 자신이 늙은 후에 버려질지도 모른다고 생각했습니다. 결국 아이를 밴 채로 이스키스라는 젊은 남자와 사랑에 빠지게 되죠. 이 사실에 화가 난 아폴론은 그녀를 활로 쏘아 죽입니다. 그렇지만 그녀 배 속에 있던 자신의 아이는 가까스로 구하죠. 그리고 아이를 탁월한 의술을 가진 현자 케이론에게 맡깁니다. 그 아이가 바로 위대한 의사 아스클레피오스입니다.

아스클레피오스는 뱀 한 마리가 휘감고 있는 지팡이를 짚고 다녔다고 하는데요. 이와 관련된 이야기가 있습니다. 아스클레피오스가 환자를 치료하던 중이었습니다. 갑자기 뱀이 나타나더니 가까이 다가왔죠. 이에 놀란 아스클레피오스는 그 뱀을 죽였습니다. 그런데 잠시 후에 다른 뱀 한 마리가 나타났습니다. 그 뱀은 입에 약초를 문 채로 죽은 뱀에게 다가갔죠.

아스클레피오스 조각상

　죽은 뱀을 살리려고 약초를 가지고 오는 뱀을 보며 아스클레피오스는 죽음을 이겨내는 방법을 비로소 깨닫게 되었다고 합니다. 그 이후부터 뱀과 지팡이가 아스클레피오스의 상징이 되었지요. 이처럼 고대부터 뱀은 생명력, 지식, 부활 등을 상징하는 존재였습니다. 아스클레피오스의 뱀 지팡이는 오늘날에도 의술의 상징물로 쓰입니다.

　천경자의 그림에서 여인은 피곤과 우울감에 푹 젖어 있는 듯이 보입니다. 그런데도 무려 네 마리의 뱀을 머리에 인 채로 목을 꼿꼿하게 세우고 있습니다. 눈빛은 보석처럼 반짝거리고, 앙다문 입술에선 힘이 느껴집니다. 이 그림이 아름다우면서도 슬프게 느껴지는 이유는 어쩌면 건강한 낯빛이 아닐 만큼 힘겨운 상황 속에서도 세상을 또렷하게 바라보는 여인의 강인함 때문이 아닐까요?

하지만 저는 의사로서 권유하고 싶습니다. 만약 거울에 비친 자신의 얼굴이 〈내 슬픈 전설의 22페이지〉의 '미인'처럼 보인다면 아름다움에 감탄하기보다는 하루빨리 병원에 들르시라고 말입니다. 멜라토닌은 건강에 가장 중요한 3대 호르몬으로 꼽힐 정도로, 분비량이 조금만 변화해도 우리 몸에 지대한 영향을 미칩니다. 멜라토닌의 분비량이 아주 조금만 변화해도 멜라토닌 장애로 이어질 수 있습니다.

멜라토닌에 대해 조금 구체적으로 이야기해드리겠습니다. 멜라토닌은 뇌 속에 있는 솔방울 모양의 기관인 송과선에서 생성 및 분비되는 호르몬입니다. 트립토판이라는 아미노산이 멜라토닌의 주원료이죠. 송과선은 밤과 낮의 길이, 계절에 따른 일조시간의 변화 등과 같은 광주기를 감지하여 멜라토닌 분비량을 조절합니다.

수면 패턴을 갑자기 바꿨을 때 온종일 피로감을 느꼈던 기억이 있을 겁니다. 멜라토닌이 생식 활동을 비롯해 신진대사의 생체리듬에 큰 영향을 미치기 때문에 생기는 일입니다. 송과선은 세로토닌의 신호를 받아 멜라토닌을 만들어내는데요. 세로토닌은 햇빛을 쬘 때 생성됩니다. 말하자면 햇빛은 무료 수면제라고 이야기할 수 있겠죠.

바쁠수록 쉬어야 하는 이유

이 방에 들어설 때 우리를 반겨주었던 주황빛 그림 기억나시나요? 잊어버리셨다면 어서 보고 오시고요. 보고 있으면 하품이 나올 것만 같은 그림 아닙니까? 물론 지루하거나 따분해서 하품이 나온다는 게 아닙니다. 마음이 푹 놓이면서 편안해지기 때문이지요. 프레더릭 레이턴Frederic Leighton의 〈타오르는 6월〉입니다.

아주 달콤한 낮잠을 즐기는 아름다운 여인입니다. 그림에서 느껴지는 계절은 한창 절정으로 타오르는 한여름이 아니라, 이제 막 타오르기 시작하는 초여름의 시기로 보입니다. 여인의 옷 색깔을 보세요. 활력의 상징인 주황색이네요. 따스하게 타오르는 불빛의 이미지가 그림을 가득 채우고 있습니다.

하지만 여인은 한가롭게 잠을 자고 있군요. 다들 한창 바삐 움직이는 시간을 나른하게 보내는 모습이 담긴 이 그림은 우리 마음속에 꿀같이 달콤한 휴식의 심상을 불러일으킵니다. 신체에 꼭 맞춘 듯한 얇은 시폰의 옷을 입은 여인은 웅크린 채 자고 있습니다. 이렇게 옆으로 누워 팔다리를 접고 머리를 무릎에 가까이 한 자세는 임신한 여인의 배 속에서 웅크리고 있는 태아를 연상케 합니다. 이 자세는 무의식적으로 심리적 안정을 가져다 주어 잠이 오는 데 도움이 된다고 하죠.

이 그림을 그린 레이턴은 남작으로 작위를 받은 지 하루 만에 협심증으로 사망하고 말았습니다. '삼일천하'도 못 되는 '일일 남작'이라고 할 수 있지요. 당시 남작은 상속이 되는 작위였습니다. 그러나 안타깝게도 레이턴은 자식이 없었던 터라 남작의 작위는 허공으로 사라지고 말았습니다.

수면 부족이 심장병을 유발한다는 건 이미 밝혀진 사실입니다. 멜라토닌이 수면뿐만 아니라 혈당과 혈압에도 영향을 미치기 때문이죠. 열정적이고 바쁜 시간을 보낼 때도 중간중간 짧은 낮잠과 같은 휴식은 절대적으로 필요하겠지요?

영국과는 달리, 그리스와 스페인과 같은 남유럽은 날씨가 너무 더워서 낮에는 일을 할 수조차 없는 경우가 많다고 합니다. 그래서 6월경부터 '시에스타siesta'라 불리는 한낮의 수면시간을 즐긴다고 하지요. 요즘에는 아주 피곤할 때 잠깐 낮잠을 자서 에너지를 충전하는 것을 '파워냅power nap'이라고 부르더군요. 무어라 부르든 간에 잠은 우리 건강을 지탱해주는 달콤한 휴식이라는 건 분명하겠습니다.

멜라토닌을 잃어가는 현대인들

잠을 잃어버린 현대인의 고독을 생각할 때, 가장 먼저 떠오르는 화가는 에드워드 호퍼Edward Hopper입니다. 호퍼는 활동 초기에

삽화와 광고용 그림을 제작하면서 미술계에 첫발을 들여놓았습니다. 이후 유럽을 방문하던 중 파리에서 피카소와 야수주의를 접했으며, 인상주의 회화로부터 영향을 받으면서 더 명도가 높은 색을 사용하기 시작했습니다. 우수에 젖은 창밖의 풍경과 도시 한복판에서 고독에 잠긴 사람, 밤의 레스토랑, 인적이 끊긴 골목, 관람객이 없는 극장 등 도시의 삭막함을 느낄 수 있는 장소들을 작품의 주된 소재로 삼았습니다.

호퍼의 작품 〈밤을 지새우는 사람들〉은 두 가지 영감에서 탄생했습니다. 하나는 헤밍웨이의 단편소설인 〈살인자들The Killers〉이었고, 다른 하나는 야경이 특히 인상적이던 뉴욕 그리니치 대로의 한 레스토랑이었습니다. 호퍼는 인간의 나약함과 대도시 생활에서 흔히 접하게 되는 고독함을 자주 화폭에 옮기곤 했는데요. 특히 이 작품을 두고 그는 "무의식적으로 대도시를 엄습하는 외로움을 그려냈다"라고 말했습니다.

미국 태생의 화가 호퍼는 빛이 표현하는 형용할 수 없는 아름다움에 관해 수차례 언급했고, 이를 자신의 작품세계에 드러냈습니다. 실내를 감싸는 차가운 색조의 조명을 통해 세련된 색채의 유희가 펼쳐져 있고, 그런 가운데 화폭 속의 인물들은 빛과 그림자에 휩싸인 사물 중 하나일 뿐입니다.

그의 작품은 고독하며 삭막하고 쓸쓸합니다. 분명 햇빛이나 형광등 빛 때문에 어둡지는 않은데도 말입니다. 그의 그림의 중요한 모티브가 되는 빛은 따뜻하고 다정한 빛이 아니라 도시민의 삶의 애환과 고독을 담은 차갑고 서늘한 빛이지요. 밝지만 삭막하고, 환하지만 건조합니다.

우리는 일상 속에서 타인과 섞여 바쁘게 사는 도중에 문득문득 고독함을 느끼는 때가 있습니다. 주위를 둘러보면 그렇게 쓸쓸해 보일 수가 없습니다. 내가 고독함을 느끼면, 주위도 고독해 보입니다. 그의 그림에서는 스산한 초겨울의 차가운 오후가 느껴집니다. 혼자 낮잠을 자다 깨어났을 때의 고요함과 적막함, 벽을 쳐다보면 어느새 늘어진 오후의 햇살이 벽을 가득 채우고 있지 않습니까. 바로 그 느낌과 비슷하달까요. 현대인들의 고독은 화가들이 많이 쓰는 주제지만, 에드워드 호퍼가 그 누구보다 잘 담아냈다고 생각합니다.

밤에도 대낮같이 환하게 조명을 켠 〈밤을 지새우는 사람들〉을 보고 있으면, 수면 부족으로 육체적으로나 정신적으로 피폐해져가는 현대인의 현실이 느껴집니다. 멜라토닌이 가장 많이 분비되는 시간은 밤 11시에서 새벽 1시입니다. 그 시간대에 우리는 불을 끄고 침대에 누워야 하죠. 그러나 과중한 업무를 마저 끝내기 위해서, 혹은 종일 쌓인 스트레스를 풀기 위해서 현대인들은 잠을 뒤로 미루고 있습니다.

에드워드 호퍼, 〈밤을 지새우는 사람들〉, 1942

'진짜 아름다움'을 위한 처방

멜라토닌과 멜라닌은 이름은 비슷하지만 원료와 구조가 다른 물질입니다. 멜라토닌은 트립토판을, 멜라닌은 티로신을 주원료로 하죠. 그런데 멜라토닌의 기능 중에는 수면과 생물학적 리듬 조절 말고도 멜라닌 합성 조절도 있습니다. 그래서 멜라토닌이 부족해서 멜라닌이 과도하게 분비되면 햇빛에 노출되는 피부 부위에 검버섯, 기미가 생길 수 있습니다.

봄철에 많은 직장인과 학생들을 괴롭히는 춘곤증, 자도 자도 피곤한 만성피로, 낮에 자꾸 졸음이 쏟아지는 기면증도 멜라토닌과 연관이 있습니다. 어린이나 청소년의 경우, 낮과 밤이 바뀌면 멜라토닌이 성장호르몬에도 영향을 주어 성장장애를 가져옵니다. 성장호르몬은 멜라토닌이 분비된 후 두 시간 정도 지나서 최대로 분비되거든요. 따라서 일반적으로 밤 11시에서 새벽 1시 사이에 멜라토닌이 최고로 분비된 후 두 시간 뒤인 새벽 3시경 성장호르몬이 분비되어야 정상적인 대사와 성장이 원활하게 이루어집니다.

수면을 제대로 취하지 못하면 키가 못 큰다는 말은 아이들에게 으름장을 놓는 말이 아니라 사실인 거죠! 이런 멜라토닌과 성장호르몬의 균형이 깨지면 성장장애와 대사 과정에 문제가 생기게 됩니다. 극단적인 경우, 혈당과 혈압이 불안정해져 당뇨병과 고혈압 같은 기저질환으로 이어질 수 있습니다.

참고로 멜라토닌은 불면증을 위한 약으로 사용됩니다. 특히 미국과 캐나다에선 일반의약품으로 분류되어 쉽게 구입할 수 있죠. 이를 이용해서 멜라토닌을 직구해서 섭취하는 분들이 간혹 있는데, 두통이나 어지러움, 우울 등과 같은 부작용을 유발할 수 있기 때문에 조심해야 합니다. 수면 문제를 해결하는 가장 빠른 길은 전문의를 찾아서 자신에게 맞는 처방을 받는 겁니다.

천경자 화백의 그림 속 여인처럼 강인한 아름다움도 좋습니다. 그렇지만 현실에서는 피곤한 얼굴보다는 밝은 얼굴이 더 좋겠지요. 건강을 포기하면서까지 얻어야 하는 아름다움은 세상 어디에도 없지요. 피곤해 죽겠는데도 잠을 못 드는 것만큼 서럽고 슬플 때가 없습니다. 숙면을 하지 못해 아침이면 몸이 천근만근인 분들, 밤마다 잠과 사투를 벌이는 분들이라면 멜라토닌에 관심을 기울여보는 건 어떨까요?

어떤 고등학생이 진료를 받으러 온 적이 있습니다. 이 환자는 잠을 못 자는 게 문제가 아니라 잠이 너무 많은 게 문제였죠. 공부를 하기 싫어서 그런다, 밤에 딴짓을 해서 그런다, 하고 주변에선 생각했겠지만, 이 학생은 멜라토닌 문제를 겪는 기면증 환자였습니다. 멜라토닌 수치를 검사해보니 밤낮의 리듬과 별개로 멜라토닌이 과도하게 분비되고 있더군요. 뇌를 MRI로 촬영하자 지나치게 활동하는 송과선이 눈에 들어왔습니다. 이 환자는 송과선 수술을 받은 뒤에야 잠의 지옥에서 헤어나올 수 있었습니다.

"잠이 보약이다"라는 말이 있듯 멜라토닌은 전반적인 삶에 큰 영향을 미칩니다. 저는 멜라토닌이 노화를 늦출 수 있는 슈퍼 호르몬이라고 생각합니다. 혈당, 혈압, 신진대사뿐만 아니라 면역과 생식 작용에도 너무나 중요하기 때문입니다. 하지만 멜라토닌은 우리 몸에서 자연스럽게 분비되기 때문에 특별히 약으로 복용할 필요는 없습니다. 평소에 생활 습관과 식습관을 신경 쓰는 것만으로 충분하거든요. 그럼 일상에서 어렵지 않게 실천할 수 있는 몇 가지 방법을 알려드릴게요.

| 멜라토닌 관리에 좋은 생활 습관 |

① 매일 실외에서 가볍게 산책합니다. 아침에 햇빛을 쬐면 멜라토닌 분비가 멈춥니다. 멜라토닌은 그로부터 14~15시간 흐른 뒤부터 다시 분비되기 시작합니다. 낮에 30분 정도 바깥에 나가 햇빛을 쬐면, 저녁에 멜라토닌 분비가 활성화되어 수면에 도움을 줍니다.

② 수면시간은 8시간 정도가 좋아요. 숙면을 위해서는 조명을 어둡게 유지하고 수면 안대를 활용하는 것도 괜찮습니다. 눈과 귀 사이의 움푹 들어간 관자놀이 부분에 아로마오일을 바르는 것도 도움이 됩니다.

③ 수면 전에 음주는 삼가세요. 카페인에 민감한 사람은 오후부터는 커피나 홍차 같은 음료를 피하는 것이 좋습니다.

④ 수면 전에 물을 많이 마시면 자다가 일어나서 화장실에 가야 하겠지요. 방광 근육이 안 좋으신 분들은 이를 삼가고 따뜻한 우유나 두유를 조금 섭취할 것을 권유합니다.

⑤ 적당한 반신욕도 도움이 됩니다.

| 멜라토닌 관리에 좋은 식습관 |

트립토판과 마그네슘이 풍부한 식품은 멜라토닌 관리에 도움을 줍니다. 구체적인 식품을 안내해드릴게요.

여덟 번째 방. 잠든 아름다움을 깨우는 호르몬

① **숙면을 돕는 3대 견과류**

- **아몬드** 마그네슘이 풍부합니다. 이가 불편하여 견과류 섭취가 힘든 고령 자라면 아몬드버터를 섭취하는 것도 좋습니다.
- **피스타치오** 식물성 식품 중 멜라토닌 함량이 가장 높습니다. 단백질도 풍부해(30그램 당 5.9그램) 포만감이 오래 가고, 밤에 허기로 깨는 것을 막아줍니다.
- **브라질너트** 숙면을 돕는 미네랄인 셀레늄이 풍부합니다. 하루에 3알만 먹어도 일일 셀레늄 권장량을 보충할 수 있습니다.

② **그 밖의 숙면을 돕는 음식**

- **베리류가 들어간 요구르트** 베리 속의 당류는 세로토닌의 생성을 증폭시키고 요구르트는 수면을 촉진하는 트립토판을 만듭니다.
- **타트체리주스와 견과류** 달콤한 디저트를 포기할 수 없다면 멜라토닌이 풍부한 타트체리주스와 견과류가 들어간 쿠키나 케이크를 드세요.
- **병아리콩 구이와 따뜻한 우유** 올리브오일과 소금을 약간 넣어 바삭하게 구운 병아리콩과 따뜻한 우유 한 잔을 밤 간식으로 먹으면 수면 개선에 도움이 됩니다.
- **키위** 항산화제와 세로토닌이 풍부해요.
- **퀴노아, 아보카도, 호박씨를 곁들인 시금치 샐러드** 이 재료들은 마그네슘이 풍부합니다. 마그네슘은 멜라토닌 생성을 촉진하고 수면 주기를 조절해주죠.
- **땅콩버터와 바나나** 땅콩버터와 바나나를 갈아 주스로 마시면 마그네슘

전달에 좋고 혈당이 오르는 것도 막을 수 있습니다. 당뇨병을 앓고 있는 불면증 환자에게 권하는 음식입니다.

- **생선, 달걀, 치즈와 같은 단백질 식품** 저녁 식사에는 될 수 있는 대로 단백질 식품을 꼭 섭취해주세요. 단백질은 잠재적인 스트레스를 완화하고 피로감을 개선하는 효과가 있습니다.
- **허브차** 캐모마일차의 아피게닌이라는 항산화 성분은 마음을 진정시키고 수면 주기를 조절하는 데 효과가 있습니다.

미켈란젤로, 〈다비드상〉, 1504

진시황이 찾지 못한
비밀의 묘약

**청춘과
회춘 호르몬,
성장호르몬**

전 생애에 모두 필요한 호르몬으로, 아이들에게는 성장을
도와주고, 어른들에게는 노화를 늦추고 지방을 분해해
주는 필수 호르몬이다.

예술가들의 이상형, 소년 다윗

이번에는 또 어떤 그림들이 기다리고 있을까요? 문을 열자 제일 먼저 눈에 들어오는 건 그림이 아니라 공간을 꽉 채운 채 압도하며 서 있는 대형의 조각상이네요. 바로 미켈란젤로의 대표 조각상인 〈다비드상〉입니다. 사실적이고도 가장 이상적인 남성의 몸을 볼 수 있는 작품입니다. 천재 예술가로 불리는 미켈란젤로의 〈다비드상〉은 아마도 많은 남성들이 자신의 몸과 이 조각상의 몸을 비교하며 알 수 없는 자괴감에 빠져들게 만든 주범이기도 합니다. 그래요, 저 역시 그랬으니까요.

다비드 조각상은 미켈란젤로가 스물여섯 청년일 때 만들었다지요. 결이 좋지 않아 조각하기 어려운 대리석을 이용해서 3년 만에 5미터가 넘는 거대한 조각상을 완성한 것입니다.

많이들 알다시피 다비드는 성서에 나오는 인물 '다윗'인데요. 이 작품은 소년 다윗이 거인 골리앗과 맞서는 무모한 도전을 앞두고 마치 전투를 결심한 전사의 엄숙한 결의와 긴장감을 표현하고 있습니다. 목의 핏줄은 팽팽하게 부각되어 있고, 앙다문 입과 찡그린 눈썹, 깊은 주름은 내적 긴장감을 표현하고 있습니다.

단호하고 바짝 경계하는 모습의 소년 다윗은 투석기를 어깨에 짊어지고 균형 있는 자세를 취하고 있는데요. 고개는 왼쪽으로 돌리고 왼쪽 팔로 왼쪽 어깨에 투석기를 짊어졌으나, 인물의 엉덩이와 어깨를 반대 각도로 향하게 해서 몸의 형태가 전체적으로 S 모양의 곡선이 됐습니다. 미켈란젤로의 〈다비드상〉은 르네상스 조각 미술을 대표하는 작품으로, 무엇보다 젊은 육체의 아름다움과 힘을 상징하는 대작이 되었습니다.

〈다비드상〉에서 투석기를
쥐고 있는 왼손

다윗과 골리앗은 꽤 유명한 이야기이죠. 다윗은 이스라엘의 2대 왕으로, 왕이 되기 전에 수금(리라)을 연주하는 음악가이면서 양 치는 목동이었습니다. 다윗이 소년이었을 때 이스라엘에서는 당시 초대 왕인 사울의 부대와 블레셋의 부대가 전투를 하고 있었습니다.

여덟 형제 중 막내였던 다윗은 참전한 형들을 위문하기 위해 전장을 방문하게 되는데, 그때 블레셋 군대 중에서 신장이 290센티미터에 달하는 거인 골리앗이 나타나죠. 골리앗이 사울의 군사들에게 싸움을 걸어오며 오만한 모습을 보이자 이를 본 다윗은 속이 부글부글 끓어올랐지요. 참다못한 다윗은 자신이 골리앗과 겨뤄보겠다고 말합니다. 그 어린 소년인 다윗이 말입니다.

아홉 번째 방. 진시황이 찾지 못한 비밀의 묘약

왕이 갑옷을 입으라고 일렀지만 다윗은 몸이 무거워진다고 갑옷을 거절했습니다. 그러곤 돌멩이 다섯 개를 주머니에 챙겨 맨몸으로 골리앗 앞에 섭니다. 다윗이 투석기로 던진 돌멩이가 골리앗의 이마에 명중되더니 이윽고 거인은 앞으로 고꾸라집니다. 이때 다윗은 골리앗의 칼자루에서 칼을 뽑아서 순식간에 골리앗의 목을 잘랐습니다. 소년 다윗이 모두가 두려워하던 거인 골리앗을 쓰러뜨리자 이스라엘 사람들은 엄청난 환호와 함께 그를 따르게 됩니다.

빛과 그림자를 탁월하게 표현하는 이탈리아 화가 미켈란젤로 카라바조Michelangelo da Caravaggio도 〈골리앗의 머리를 든 다윗〉 이라는 유명한 작품을 남겼습니다. 그런데 이 그림에 나오는 골리앗의 흉측하게 잘린 머리가 바로 카라바조의 자화상이라는 해석이 이미 17세기부터 전해지고 있습니다. 또한 골리앗의 잘린 머리를 들고 있는 소년 다윗도 젊은 시절 카라바조의 모습이라는 주장도 있습니다. 젊은 날의 카라바조가 나이 든 카라바조의 잘린 머리를 들고 있는, 이른바 '이중초상'인 것이지요.

성서대로 그림을 그렸더라면 다윗은 골리앗의 머리를 높이 쳐들고 승리에 찬 표정을 짓고 있어야 했을 겁니다. 그런데 카라바조의 그림에서 다윗은 침통한 표정을 짓고 있습니다. 자신이 죽인 골리앗에 대해 연민의 마음을 품고 있는 것 같습니다. 한편, 이미 생명이 끊어진 골리앗은 어린 소년에게 당한 어이없는

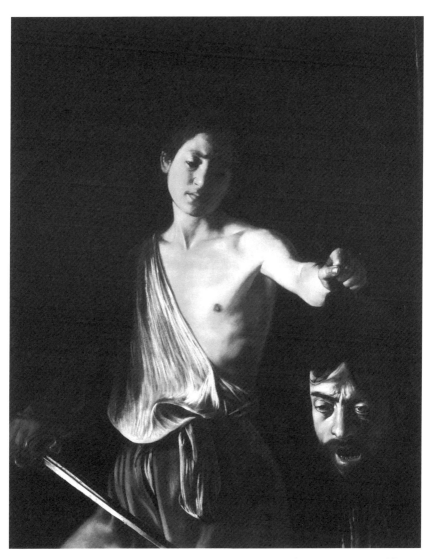

미켈란젤로 카라바조, 〈골리앗의 머리를 든 다윗〉, 1610

패배에 수치스러워하는 듯한 표정입니다.

카라바조는 성서와 달리 다윗을 선으로, 골리앗을 악으로 보고 있지 않는 듯합니다. 긴 세월의 관점에서 보면 선악은 나뉘어 있지 않습니다. 인간이라면 누구든 선한 표정과 악한 표정을 모두 지을 수 있는 법이지요. 카라바조는 그 사실을 이중초상이라는 독특한 방식으로 이야기하고 있습니다.

여러분은 두 미켈란젤로의 서로 다른 다윗 중에서 어느 쪽에 더 마음이 동하시나요? 카라바조의 다윗은 이미 싸움이 끝난 뒤의 모습을 묘사했고, 이에 반해 미켈란젤로의 다윗은 골리앗과의 일대일 대결을 앞두고 결연함과 긴장감이 공존하는 자태로 보입니다. 물론 두 모습 모두 강력하고 믿음직한 남성을 형상화한 것이지요.

스무 살도 안 된 다윗이지만 미켈란젤로는 수려한 얼굴, 완벽한 몸선과 근육을 표현하여 가장 이상적인 남성의 모습을 구현하였습니다. 카라바조는 도저히 당해낼 수 없을 거라 여겨진 거인을 단숨에 제압하여 승리를 거두었으나, 인간적인 연민과 고통을 간접적으로나마 느끼고 있는 다윗의 내면적 성숙함까지 그려내고 있습니다.

우리는 두 작품에서 종교적인 것과 세속적인 것을 동시에 보여주는 작품성, 그리고 인체 비례의 완벽한 아름다움까지 모두 감상할 수 있었습니다.

경험상 나이를 먹는다고 해서 사람이 더 현명해지는 건 아닌 것 같습니다. 그러나 조심스러워지기는 하죠. 나이가 들면 어린 시절에 했던 치기 어린 행동들을 더는 하지 않게 됩니다. 사람들은 이를 '철이 들었다'라고 표현하지요. 철이 든 이후의 인생은 한결 평탄하고 안정적입니다. 그러나 우리는 돌아가고 싶어 합니다. 청춘의 시절, 그 힘겹고 혼란스러웠던 시절, 그러나 아름다웠던 시절로 말이지요. 두 다윗은 청춘의 양면을 보여주는 것 같습니다.

속물적인 질문일 수도 있겠지만, 여러분은 어떻게 생각하시나요? 몸을 한 번 담글 때마다 10년씩 젊어지는 마법의 샘이 있다면 여러분은 몇 번이나 몸을 담그실 건가요? 이런 상상력을 절로 발휘되게 만드는 그림이 한 점 있습니다.

이 그림은 루카스 크라나흐Lucas Cranach의 〈젊음의 샘〉입니다.(192~193쪽) 자세히 보면 탕 안의 왼편에는 나이 든 노인들이, 오른편에는 젊은 여성들이 들어가 있습니다. 늙고 노쇠한 육체로 이 샘에 들어갔다 나오면 젊고 아름다운 몸으로 바뀌게 된다는 의미지요. 샘 한가운데 설치된 분수대 위에는 사랑의 여신 비너스와 큐피드의 상이 있습니다.

크라나흐는 이러한 상징을 통해 '젊어지고 싶다면 사랑하라'는 메시지를 담고 있습니다. 정말 크라나흐의 메시지처럼 사랑을 하면 성장호르몬도 많이 나오는 것일까요? 왼쪽에서 오른쪽

루카스 크라나흐, 〈젊음의 샘〉, 1546

으로 젊어지고 있는 저 물속에 어떤 비밀이 숨겨 있는지는 그림 상으로는 알 수 없어도, 적어도 이 샘물의 성분이 성장호르몬이라고는 생각할 수 있겠습니다. 청춘의 샘물에 몸을 담그고 성장호르몬이 분비된다면 나잇살도 없어지고 다시 젊어질 수 있겠지요. 잠시 현실은 잊고 우리가 모두 회춘할 수 있는 청춘의 샘물에 몸을 담그고 있는 낙원을 꿈꿔볼까요?

늙어가는 것도 성장 아닐까?

사람들은 흔히 꽃이나 과일 혹은 채소같이 움직이지 않는 사물들은 정물화의 소재일 뿐이라고 생각합니다. 초상화는 사람의 얼굴이나 모습을 실제 모습 그대로 그려야 한다고 생각하고요. 그런데 이러한 고정관념을 깬 작품이 일찍이 등장했습니다. 바로 16세기 이탈리아 화가 주세페 아르침볼도Giuseppe Arcimboldo의 〈사계절〉이라는 연작입니다.

잠시 시간을 드릴 테니 그림들을 세세히 감상해보세요.

어떠신가요? 재미있다, 기괴하다, 흉측하다, 신기하다…… 각자가 갖는 느낌이 다양할 것입니다. 느낌이야 어쨌건 식물들을 세심하게 배치하여 인간의 얼굴을 묘사한 재치만큼은 인정하지 않을 수 없겠군요. 그것도 봄, 여름, 가을, 겨울로 콘셉트를 나누어 인간의 늙어가는 인생을 순서대로 표현하였습니다.

주세페 아르침볼도, 〈봄〉, 1573

〈여름〉, 1573

〈가을〉, 1573

〈겨울〉, 1573

정물화이면서도 초상화인 흥미롭고 재미있는 이 그림에서 사계절의 변화가 느껴지시나요? 아르침볼도는 누구도 흉내낼 수 없는 기괴한 상상력과 독창성을 지닌 화가로 명성이 자자했습니다. 그의 아버지도 화가였는데 아들의 천재성을 일찍부터 알아채고 화가의 길을 걷도록 적극적인 지원을 아끼지 않았습니다.

아르침볼도는 철학, 시학, 고대 문헌에 대한 학식이 풍부하여 그것을 바탕으로 기발하고 엉뚱한 상상력을 더해 동물이나 식물 형상을 한 특이한 초상화를 그리곤 했습니다. 황제 루돌프 2세는 자신의 모습을 과일이나 곡물로 변형시킨 그의 초상화를 무척 좋아했다고 합니다.

사계절 가운데 〈봄〉은 화사한 봄날에 피어나는 꽃들로 청년의 얼굴을 그리고 있고, 가슴은 연녹색 잎과 싱싱한 풀잎들이 가득 채우고 있습니다. 금방이라도 생명이 움틀 것 같은 희망이 느껴지네요. 이 그림 속 주인공은 신성로마제국의 왕자입니다. 아르침볼도는 미래의 왕이 될 왕자를 희망의 상징으로 생각해 새싹이 움트고 식물이 성장하는 봄으로 표현했습니다.

〈여름〉은 믿음직한 장년의 남자입니다. 오이 코에 옥수수 귀를 가진 남자가 익살맞게 웃고 있네요. 입술은 버찌 열매, 목은 7월에 수확하는 밀로 표현했고 얼굴에는 마늘이며 호박, 가지를 주렁주렁 달고 있습니다. 풍성한 과일과 채소로 만들어진 건강한 남성을 보니 태양이 이글거리고 온갖 식물이 왕성하게 자라는 여름이 피부로 느껴집니다.

〈가을〉은 오곡이 무르익는 수확의 계절인 만큼 그림 속 주인 공도 중년의 남성입니다. 포도송이로 가득한 머리, 가시 돋친 밤 송이 입술, 노랗게 익은 큼지막한 호박이 뒷머리를 장식하고 있 네요. 무엇을 그리 골똘히 생각하고 있을까요? 쓸쓸한 가을을 보내고 다가올 겨울을 걱정하고 있을 것만 같네요.

〈겨울〉의 인물은 껍질이 다 벗겨져 흉측한 고목으로 변해버 린 노년의 남성입니다. 추운 날씨에 거적까지 두른 노년의 남성 은 침울한 표정으로 무언가를 깊이 생각하고 있습니다. 먹을 것 도 없는 황량한 한겨울을 지나고 있는 저 노인의 현재가 걱정스 럽네요. 그토록 흔하게 넘쳐나던 과일과 채소는 다 어디로 사라 졌을까요? 이런 겨울을 미리 예감하지 못한 회한의 모습인지도 모르겠습니다.

그러나 인생은 절망 속에서 희망을 피워내지요. 겨울 노인의 모습에서 여러분들은 혹시 희망을 발견하셨나요? 앙상한 가지 만 보이는 죽은 고목의 가슴이지만 거기에서 무언가 뚫고 뻗어 나온 것이 눈에 띕니다. 탐스럽게 열린 노란 레몬과 오렌지가 무 엇을 상징하고 있을까요? 추운 겨울을 인내하면 반드시 희망의 봄이 다시 찾아온다는 자연의 섭리를 말해주는 것이라 믿는다 면, 저 혼자만의 생각일까요.

아르침볼도가 묘사한 사계절을 보면서 시간의 흐름과 계절의 변화를 느끼듯이 우리네 인생도 간단없이 변화를 거치게 됩니다. 인간은 누구나 소년, 청년, 중년, 장년, 노년으로 향해 가면서 죽음과 가까워지는 현실을 마주합니다. 씨를 뿌려 꽃이 피고 열매를 맺어 고목이 되는 자연과 똑같은 길을 걸어가는 것이지요. 아르침볼도는 이 자연의 섭리를 신기한 정물초상화로 그려 우리에게 삶의 영원한 교훈을 가르쳐줍니다.

자연의 순리가 이렇습니다. 봄의 사람과 여름의 사람이 서로 같습니다. 청년이 노인이 되어가는 대자연의 순환은 그 누구도 예외이지 않습니다. 힘이 세건 약하건, 부자건 빈자건 아무도 예외가 되지 못하는 이 근본적인 순환을 우리는 자주 외면하고 부정하려 합니다. 그게 과연 가능할까요?

결국 우리의 신체도 호르몬의 시계에 맞춰서 살아야 합니다. 그렇다고 삶을 봄으로 시작해 겨울로 끝나는, 암담하기 짝이 없는 노화의 과정으로 받아들이지 말자고요. 우리에게 다가온 겨울을 을씨년스러운 마음으로 맞이하지 말고, 자연의 섭리를 호르몬의 섭리로 연결하여 건강을 지켜나가는 것이 중요합니다.

죽음은 어쩔 수 없는 운명일까?

인생의 흐름에서 죽음을 맞는 건 어쩔 수 없는 운명입니다. 하지만 죽음은 피할 수 없으나 두려움은 피할 수 있답니다. 그게 바로 지혜로운 것이지요. 보는 이를 한층 지혜롭게 만들어주는 작품이 있습니다. 폴 고갱Paul Gauguin의 〈우리는 어디서 왔고, 우리는 무엇이며, 우리는 어디로 가는가〉라는 그림입니다. 인생의 과정을 파노라마처럼 펼쳐놓은 이 그림은 우리가 결코 피해갈 수 없는 질문을 던집니다. 종교학책이나 철학책의 제목같이 길고 심각한 제목을 가진 이 그림은 고갱 스스로가 자신의 대표작이라고 자신 있게 소개하는 그림이기도 합니다.

고갱은 어린 시절 아버지를 따라 남미의 페루에서 살았습니다. 청년 시절에는 선원이 되어 배를 탔고, 30대에는 주식 중개상으로 돈도 제법 모았다지요. 하지만 평생에 걸친 꿈은 그림을 그리는 일이었으니 결국 직장과 가족을 모두 버리고 남태평양의 타히티 섬으로 홀로 떠나버립니다. 거기서 13년을 보내며 죽을 때까지 그림에 몰두했습니다.

이 그림의 제목도 문명과 물질을 초월한 사람이 떠올릴 만한 제목 같지 않습니까? 그림은 제목처럼 세 가지의 내용으로 나누어 감상할 수 있습니다. 맨 오른쪽에 세 명의 젊은 여인들이 아기를 데리고 앉아 있지요. 이들은 인생의 출발, 즉 어디서 왔는지에 대한 질문으로 시작하고 있습니다. 가운데 부분에 자리한 사람들은 노동히고 음식을 먹는 등 그야말로 '생활'을 하는 모습입니다. 이 중간 부분은 '우리는 무엇인가'라고 묻고 있습니다.

맨 왼쪽으로 오면 죽음을 앞둔 노파가 시든 표정으로 흰 새를

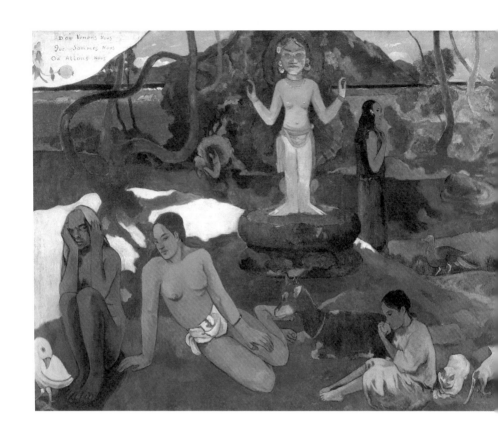

바라보고 있습니다. 이 흰 새는 모든 인연의 단절을 뜻하는 상징
입니다. 그러니까 '우리는 어디로 가는가'를 묻는 말이 됩니다.
왼쪽의 뒤편에는 푸른색 신상이 보이는데, 이 이상한 신상은 알
수 없는 이승의 저편, 즉 저승을 상징합니다.

　고갱은 후기 인상파의 개척자로 알려져 있습니다. 이 그림에

폴 고갱, 〈우리는 어디서 왔고, 우리는 무엇이며, 우리는 어디로 가는가〉, 1897

서 보이는 두꺼운 붓 터치와 선명한 색감이 인상파의 특징인데요, 여기에 감정적이고 표현주의적 요소까지 들어 있습니다. 때문에 훗날 야수파나 입체파의 탄생에 영향을 준 작품으로 평가되고 있지요.

동양화와는 달리 서양화는 보통 왼쪽에서 오른쪽으로 시선을 이동하며 봅니다. 그러나 이 그림에선 왼쪽에 노인이, 오른쪽에 아기가 위치합니다. 마치 죽음에서 생명이 시작된다고 이야기하기라도 하듯이 말입니다. 전체적으로는 노인과 청년과 아기가 동등한 무게중심으로 화폭을 채우고 있습니다. 새 생명의 탄생이 놀랍다고 이야기하는 것도, 생명의 끝이 헛되다고 이야기하는 것도 아닙니다. 탄생과 일상, 그리고 죽음이 자연의 섭리임을 담담하게 보여줄 뿐입니다.

우리는 정녕 자연의 섭리에서 조금도 벗어날 수 없는 걸까요? 고갱은 분명 그렇다고 대답할 테지요. 그러나 현대의학은 새로운 대답을 모색하고 있습니다.

세월을 거스르는 성장호르몬

그 옛날 진시황은 영생을 위해 불로초를 찾아 대륙 이곳저곳을 샅샅이 뒤졌다고 하죠. 진시황이 살아서 돌아온다면 저는 이렇게 간언을 올리고 싶군요. "불로초는 저 밖이 아니라 이 안에 있소이다!" 아마도 등잔 밑이 어둡다는 만고의 진리에 충격을 받은 진시황은 목덜미를 잡고 쓰러지지 않을까 싶습니다.

실제로 성장호르몬은 '회춘 호르몬'이라고도 불립니다. 세월을 이길 수 없다는 통념을 깨뜨릴 수 있는 강력한 호르몬이죠. 조금 더 구체적으로 설명해보겠습니다.

성장호르몬은 잠잘 때, 그리고 운동할 때 많이 분비되는데, 특히 수면 중 REM 수면 주기에 맞춰서 박동성 분비를 합니다. 이것은 우리 뇌 속의 송과선에서 분비되는 멜라토닌의 영향 때문입니다.

우리 주변에서 빛의 밝기가 일정 수준으로 떨어지게 되면, 즉 어두워지면 송과선에서 멜라토닌이 분비됩니다. 이로써 우리 몸은 밤이 됐다는 것을 알게 되고, 일정 시간이 지나면 성장호르몬을 비롯해 밤중에 주로 분비되는 여러 호르몬이 활성화되는 겁니다. 숙면이 중요하다는 말을 많이 들어보셨지요? 잠을 자더라도 깊은 잠을 자야 성장호르몬이 왕성하게 분비되는 건 당연하지 않겠어요. 자꾸 잠을 깨거나 선잠을 잔다면 성장호르몬의 분비는 그만큼 떨어지게 됩니다.

성장호르몬은 주로 어린이나 청소년들에게 필요한 호르몬이라고 알려져 있는데, 실은 어른들에게도 꼭 필요한 호르몬입니다. 성장호르몬의 가장 기본적인 역할은 지방을 분해하고 근육을 만드는 것입니다. 특히 지방분해 효과는 고도비만 치료제로 사용될 정도로 탁월하다고 알려졌지요. 성장호르몬 분비가 왕성하면 근육이 튼튼해지고 군살 없는 탱탱한 몸매를 유지할 수 있습니다. 그 밖에도 심장 기능을 강화하고 심혈관 지방을 없애는 데 도움을 주며, 골밀도를 높이고 새로운 뼈를 만드는 골 교체율을 증가시켜 뼈를 튼튼하게 합니다.

이왕 시작했으니 성장호르몬 칭찬을 좀 더 해볼게요. 엔도르핀 분비를 촉진하고 기억력을 개선하며, 콜라겐을 합성해서 피부 두께가 얇아지는 것을 막아 피부 주름과 노화를 지연시키는 효과도 있습니다. 문제는 성장호르몬이 사춘기에 가장 활발하게 분비되고 30대를 정점으로 10년마다 14퍼센트씩 줄어든다는 점입니다. 실제로 마흔 살만 되어도 스무 살에 비해 절반밖에 생산되지 않고, 65살 이상 노인 중 30퍼센트 이상이 성장호르몬 결핍 증상을 보입니다.

그렇다면 성장호르몬이 우리 몸속에 넘친다면 영원히 젊게 살 수 있느냐는 의문이 생기실 텐데요, 저의 생각은 '그렇다'입니다. 이제까지 '세월을 이기는 장사 없다'는 말마따나 노화는 피할 수 없는 운명으로 여겨졌습니다. 그러나 현대의학이 우리 몸속 호르몬에 대해 이해하고 연구한 것은 생각보다 많습니다. 지금까지의 통념을 깨뜨릴 여러 연구 결과들이 하나둘씩 나오고 있고요. 성장호르몬이 신체의 노화를 방지하며, 삶의 질을 크게 향상함과 동시에 수명을 연장할 수 있는 길이란 사실이 점차 밝혀지고 있는 중입니다.

성장호르몬이 부족한 사람이나 동물은 왜소증에 걸릴 수 있습니다. 반대로 성장호르몬이 과다한 경우, 거인증이나 말단비대증이 발병할 수 있습니다. 이런 질병은 농구선수나 격투기선수 같은 운동선수들에게 종종 나타납니다. 나이가 들어서 성장호르몬이 과다 분비되어 생기는 말단비대증은 갑자기 손발이 커지고 기골이 장대해지면서 얼굴이 험악해지는 질병입니다.

정작 본인이나 주변인은 모를 수 있지만, 오랜만에 만난 사람들은 뭔가 달라졌다고 느끼죠. 말단비대증은 단지 외모만 변하는 것이 아니라 대장에 종기를 만들고 심혈관계 합병증을 유발할 수 있으므로 반드시 수술하고 치료해야 합니다.

성장호르몬은 우리 일생에 걸쳐 늘 필요로 하지만 특히 성장기에 매우 중요하지요. 성장호르몬이 부족하면 아이들은 키가 크지 않고 뚱뚱해집니다. 흔히들 '살은 전부 키로 간다'라고 이야기하는데요. 실제로 비만은 성장에 상당한 지장을 주는 것으로 밝혀졌습니다. 따라서 키를 키우면서 살은 찌우지 말아야 하죠. 아이들의 성장에 도움을 주는 식습관 7원칙과 생활 습관 6원칙을 소개합니다.

| 성장호르몬을 더하는 식습관 7원칙 |

① 단백질이 풍부한 살코기 위주로 먹는다.

② 무지방 우유를 하루 3잔 이상 마신다.

③ 콜레스테롤이나 트랜스지방이 많은 음식은 피한다.

④ 식사 중에 국이나 물을 먹지 않는다.

⑤ 10번 이상 씹어 먹는다.

⑥ 야식이나 폭식을 하지 않는다.

⑦ 컴퓨터나 TV를 보면서 먹지 않는다.

| 성장호르몬을 더하는 생활 습관 6원칙 |

① 한 시간을 더 잔다

TV 시청이나 컴퓨터 사용을 줄여서 30분을 일찍 재우고, 방학 때만이라도 30분을 늦게 깨우면 성장에 큰 도움이 됩니다. 수면의 양도 중요하지만, 수면의 리듬도 중요하므로 비교적 일정한 시간에 기상하고 취침하도록 합시다.

② 신선한 물, 신선한 공기, 신선한 햇빛을 느낀다

식물들은 물, 공기, 햇빛만 있으면 아름드리나무로 성장하죠. 마찬가지로 사람 역시 기본은 물, 공기, 햇빛입니다. 적절하게 수분을 섭취하고 자주 환기를 시켜주며 집 안 공기를 깨끗하게 해주어야 합니다. 또한 적어도 20분 정도 햇빛을 쬐어 비타민D와 멜라토닌 분비를 촉진해주도록 합니다.

③ 균형 잡힌 식단으로 세 끼를 먹는다

요즘 비만과 성조숙증을 과도하게 걱정하여 음식을 덜 먹이려고 하는 경향이 있습니다. 하지만 아이들은 무조건 먹어야만 큽니다. 성장판이 닫히기 전에 신선한 재료로 만든 균형 잡힌 식단을 챙겨 먹어야 합니다.

④ 필요하다면 영양제를 챙겨 먹는다

현대사회에 들어서 토양이 척박해짐에 따라 우리가 섭취하는 음식에 함유된 영양소가 많이 감소했습니다. 가공식품을 많이 먹고 편식도 하죠. 따라서 부족한 영양소를 채우기 위해 영양제 한 알 정도는 필요한 경우가 있습니다. 간혹 부모님이 먹는 영양제를 양만 줄여서 먹이는 경우가 있는데, 이는 무척 위험한 행동입니다. 예컨대 성인 여성이 먹는 영양제 속에는 여성호르몬이 많아서 아이들에게 먹일 경우 사춘기 조숙증을 일으킬 수 있습니다. 영양제를 너무 많이 먹는 것도 서로 흡수를 저해할 수 있으니 삼가야 합니다. 영양제 섭취는 일반적으로 3개월에서 6개월 정도로 정해두는 게 좋습니다.

⑤ 운동하는 분위기를 만든다

운동은 분명 성장에 큰 도움을 주지만 혼자 운동하기란 쉽지가 않습니다. 가족이 함께 운동하는 분위기를 만들고 서로 격려해주세요.

⑥ 스트레스를 줄인다

스트레스를 받으면 스트레스 호르몬으로 알려진 부신피질자극호르몬과 카테콜아민 등이 분비되는데요. 그게 바로 성장호르몬의 작용을 방해하는 원인입니다. 부모님들은 아이들이 편안한 마음을 가질 수 있도록 도와주세요.

프리다 칼로, 〈테후아나 여인으로서의 자화상〉, 1943

인내의 빛깔은
그 얼마나 찬란한가

**인내 호르몬,
가바**

인내심에 영향을 주는 억제성 신경전달물질로, 뇌와 신경을 달래서 혈압을 낮춰주고 우울증을 완화해주는 기능이 있다.

부서진 상처 자국의 초상

프리다 칼로Frida Kahlo라는 이름을 들어보셨는지요. 멕시코를 대표하는 화가인 프리다 칼로의 〈부서진 기둥〉과 〈테후아나 여인으로서의 자화상〉 이렇게 두 작품을 이야기하고자 합니다.

흔히 프리다 칼로를 '절망에서 피어난 천재 화가'라고 하는데요. 그녀는 굉장히 힘들고 고통스러운 삶을 살았습니다. 한마디로 육체적인 고통을 예술로 승화한 화가라고 할까요. 어느 정도였느냐면요, 여섯 살에 소아마비 진단을 받았고, 열여덟 살에는 교통사고를 당해 죽음의 문턱까지 갔습니다. 쇠로 된 버스 손잡이의 봉이 그녀의 허리에서 자궁까지 관통하는, 그야말로 끔찍한 부상을 당한 겁니다.

왼쪽 다리 열한 곳 골절, 오른발 탈골, 왼쪽 어깨 탈골, 허리와 골반, 쇄골과 갈비뼈 모두 골절…… 결국 평생 일곱 번의 척추 수술을 포함하여, 모두 서른두 번의 수술을 받았고, 그 이후에도 오른쪽 발가락이 절단되는 사고와 무릎 아래쪽의 절단, 그리고 세 번의 유산 등 정말 듣기만 해도 숨 막힐 것 같은 사투의 시간을 보냈습니다. 이 모든 엄청난 치료의 기록이 모두 프리다 칼로의 것입니다.

게다가 그녀보다 스물한 살이나 연상인 프리다의 남편 디에고 리베라는 바람둥이로 유명한 인기 화가였는데요. 디에고는

프리다 칼로, 〈부서진 기둥〉, 1944

프리다 칼로와 디에고 리베라

결혼생활 중에도 수없이 많은 외도를 저질렀고, 이 때문에 프리다는 질투와 분노를 넘어 고독과 상실감을 평생 안고 살아야만 했다는군요.

이와 같은 그녀의 과거를 듣기만 해도 얼마나 큰 고통을 견디며 살아왔을까 절감하지 않을 수 없습니다. 그래서 그럴까요? 그녀가 남긴 작품 면면에 이런 비참한 삶에 대한 인내의 땀이 여실히 배어 있는 것입니다.

사랑과 이념에 대한 열정, 투병과 생명력이 한데 얽힌 프리다 칼로의 초기 작품은 멕시코 민속 예술의 영향이 나타나 있습니다. 프리다 칼로는 1922년 멕시코 국립고등학교의 프레스코 제작 작업 중에 만나게 된 리베라와 격정적인 사랑을 나누며 그와 결혼을 합니다.

1925년 9월에 버스 사고로 영구적 외상을 입게 되면서 젊디젊은 나이에 커다란 좌절과 고통을 겪었던 그녀는, 이때부터 시작된 비극적이고도 끝도 없는 투병 생활로 온 생애를 고통 속에 살게 됩니다. 당시 투병의 고통을 담은 〈부서진 기둥〉에서 칼로는 무너져가는 자신의 삶을 폐허가 된 유적지를 통해 표현하고 있습니다.

그녀의 남편이었던 리베라는 이렇게 이야기합니다.

> "고통이 안겨주는 암흑은 그녀의 생명력이 지닌 찬란한 빛에 가려 아득히 멀어져간다. (…) 그녀는 자신의 동료들과 인류 전체에게, 닥쳐오는 역경에, 어떻게 인내하고 저항하고 이겨내어 그보다 우월한 행복에 다다를 수 있는지를 보여준다."

교통사고로 인해 심한 부상을 입고 거동할 수 없게 된 그녀는 회화의 세계에 더욱더 깊이 심취하게 됩니다. 자신의 비극적인 삶을 요약해놓은 듯한 이 작품은 제목도 〈부서진 기둥〉이라는 은유적인 표현으로 붙였습니다. 반으로 갈라진 몸을 정형외과에서 사용하는 고정 기구로 동여맨 여인은 작가의 자화상일 테지요.

퇴행한 척추가 있어야 할 자리에 파괴된 이오니아 양식의 기둥이 그려져 있습니다. 자신의 삶을 무너진 유적이 대체해버린 상황을 상징적으로 묘사한 것입니다. 온몸에 못이 박혀 있고 그 고통으로 인해 두 눈에서 눈물이 흐르지만 프리다 칼로는 이러한 병환에 굴복하지 않고 오히려 관중들을 향하여 정면으로 서서 그 참모습을 당당히 드러내고 있습니다.

1940년대 칼로는 예술가로서 세계적인 명성을 얻으면서 가장 활발하고 성숙한 작품 활동을 벌였습니다. 쇄도하는 작품 의뢰에 부응하기 위해 이미 쇠약한 상태에서 몸을 지나치게 혹사한 까닭에 척추의 고통은 점점 심해져 갔습니다. 프리다는 결국 허리에 지속적인 긴장감을 주기 위해 1946년에 위험 부담이 상당했던 수술을 받았습니다.

자신에게 닥친 불행을 초인적인 인내심으로 견뎌내고 나니, 결국 그녀의 몸 중 척추가 있어야 할 자리에는 철제 기둥이, 부드러운 피부에는 날카로운 못들이 박혀버렸습니다. 다시 말해 그림 속의 여인은 프리다 자신의 진짜 모습인 것입니다.

그림을 보면 자신의 삶을 지탱해주는 거대한 사원의 기둥이 무너지고 있는 것을 알 수 있지요. 불안한 감정은 신체적인 아픔보다 우리 내면을 더 산산이 부서뜨립니다. 그것을 극복하는 힘은 부단한 인내밖에 없을 테죠. 칼로는 인내에 인내를 더하며 여전히 남편 디에고를 사랑했을 것입니다.

프리다 칼로는 자신의 인생을 망가뜨린 두 가지로 버스를 들이박은 전차와 남편 디에고 리베라를 꼽았습니다. 하지만 이 두 가지보다 더욱 최악으로 생각하는 것이, 바로 그런 디에고 리베라를 여전히 사랑하는 자기 자신이라 말했지요.

방 입구에서 본 〈테후아나 여인으로서의 자화상〉 속 프리다 칼로는 자신의 이마 안에 애증의 디에고 리베라를 단단히 가둬

놓습니다. 원망스럽지만 여전히 사랑하는 남편임을, 그저 인내와 사랑의 힘으로 견디고 있음을 보여주는 것이지요.

겨울을 견뎌낸 나무가 꽃을 피우고

프리다 칼로의 고통을 마주한 여러분께, 이번에는 고흐의 또 다른 아픔을 전해드려야 할 것 같습니다. 언뜻 보면 하늘빛의 산뜻한 정물화 느낌으로 다가와 '고통'과는 전혀 상관없는 그림으로 보이는 빈센트 반 고흐의 〈꽃 피는 아몬드나무〉입니다. 겨울 추위 속에서 꽃을 피우는 아몬드나무를 그린 그림으로, 동생 테오와 조카에 대한 사랑을 담은 작품입니다.

고흐에게는 꿈이 있었습니다. 함께 작업을 하고 성과를 나누는 화가들의 공동체를 만드는 것이었지요. 1888년 파리 생활에 지친 고흐는 그 꿈을 이루기 위해서 남프랑스의 아를로 갑니다. 이후 고갱과 함께 노란 집에서 함께 작업하기 시작했지만 불화가 잦았고 둘의 사이가 악화하면서 고흐는 왼쪽 귀를 자르게 되지요.

고흐는 부족한 자신을 지지해주는 동생 테오와 그의 아들에게 이 작품 〈꽃 피는 아몬드나무〉를 선물로 줍니다. 아몬드나무는 겨울 추위 속에서 꽃을 피운다고 하죠. 푸른 하늘을 배경으로 사방으로 뻗어나간 나뭇가지에 핀 분홍색 꽃과 하얀 꽃들은 동생 테오와 조카에 대한 사랑의 표현일 겁니다.

고흐가 인생의 마지막 봄에 그린 이 작품은 5개월 뒤 그가 자살이라는 비극적인 선택을 했던 마음과는 다르게 생명력이 물씬 느껴집니다. 봄이 되면 하얗게 피어나는 아몬드 꽃을 통해 가족에게 사랑과 행복이 가득한 봄을 선물하고 싶었던 고흐의 마음이 그림에 가득합니다.

사실 고흐의 이 그림은 비극적 의미가 담겨 있는 작품은 아닙니다만, 저에게는 처연함을 느끼게 하는 이미지로 남아 있습니다. 한창 바쁘던 나날, 제 연구실에 걸려 있던 그림이 바로 〈꽃 피는 아몬드나무〉였기 때문이지요.

병원에서 철야를 하며 정신없이 밤낮을 보내다 보면 시간에 대한 감각도 무뎌지곤 합니다. 어쩌다가 어두운 창밖을 내다보면 그제야 '밤이 왔구나' 하고 생각하게 됩니다. 한참 뒤에 저는 알게 되었습니다. 그토록 많은 밤을 지새웠던 연구실 한쪽 벽에 고흐의 그림이 걸려 있었다는 사실을 말이지요. 일상의 분주함이 삶을 메마르게 만들었다는 생각에 그 순간 유난히 쓸쓸함을 느꼈습니다.

고흐의 아몬드나무는 그렇게 무뎌지고 매사 여유 없이 살아내는 저의 현재 모습을 반추해보도록 작은 자극을 줍니다. 유충은 인고의 시간을 거쳐 나비가 되지요. 나무는 냉혹한 겨울을 견뎌야 봄에 꽃을 피울 수 있고요. 그렇게 우리는 볕 들 날을 기다리며 삶의 한 시절을 각박하게 참아냅니다.

빈센트 반 고흐, 〈꽃 피는 아몬드나무〉, 1890

인내는 분명 값진 것입니다. 하지만 〈꽃 피는 아몬드나무〉를
보다 보면 인내의 시간을 꼭 고통 속에서 보내야 하는 건 아니
라는 생각이 듭니다. 행복한 인내, 즐거운 인내는 정녕 불가능한
걸까요?

러시아 화가 이반 시시킨Ivan Shishkin은 황립아카데미 교육에
항의하고 퇴학한 젊은 화가들의 단체인 이동전람회 연합을 결

성한 이동파 화가입니다. 이들은 황제나 귀족이 아닌 가난한 농민과 노동자도 그림을 감상할 권리가 있다고 여겼습니다. 자신들의 그림을 들고 러시아 전역을 돌아다니며 전람회를 열었다고 하지요. 그 올곧은 신념이 〈북쪽〉이라는 그림에 그대로 담겨 있습니다.

그림을 보면 나무에 쌓인 눈이 너무 무거워 곧 나무가 쓰러질 것만 같습니다. 그러나 무겁게 쌓인 눈은 언젠가는 반드시 녹고야 말 것입니다. 쌓인 눈이 모두 녹아내릴 때까지 희망을 버리지 않은 채 추운 겨울을 온몸으로 견뎌내는 고독한 나무에서 삶의 자세를 배우게 됩니다.

혼자 인내하여 견디고 있는 나무는 곧 나의, 우리의 모습입니다. 나무는 무거운 눈꽃을 짊어지지만 봄이 오면 곧 녹을 눈을 기대하며 인내의 시간을 보낼 것입니다.

대책 없이 비를 맞고 있는 우체통을 본 적 있나요? 마치 이 나무처럼요. 나무는 참고 있습니다. 그리고 녹아내리는 찬란한 봄을 기다리며 판도라의 희망을 품고 있습니다.

오필리아의 숨결에 깃든 가바

이번에는 문학작품 속의 비극을 그림으로 담은 작품을 소개해볼까 합니다. 존 에버렛 밀레이John Everett Millais의 〈오필리아〉는 셰익

이반 시시킨, 〈북쪽〉, 1891

스피어의 희곡《햄릿》중 오필리아의 죽음을 묘사한 작품입니다.

밀레이는 그림에서 문학적 중요성을 강조한 유파인 라파엘전파의 일원으로, 셰익스피어의 문학에서 많은 영감을 받은 작가입니다. 밀레이는 이 그림을 완성하며 극적인 상황을 생생하게 묘사하기 위해 서리 지방 혹스밀 강가에서 다섯 달 동안 주 5일, 하루 11시간씩 그림을 그렸다고 합니다. 너무 힘든 나머지 "서리의 파리들은 사람을 뜯어먹는 것 같구나"라고 하소연을 하기도 하였습니다.

오필리아는 햄릿의 연인이었습니다. 햄릿은 죽은 아버지를 대신해 복수해야 한다는 생각에 사로잡혀 있었고, 왕이자 숙부인 클로디어스가 아버지를 죽인 범인이라고 확신했습니다. 그래서 왕비와 대화를 나누고 있던 클로디어스를 칼로 찔렀는데, 알고 보니 죽은 사람은 클로디어스가 아닌 오필리아의 아버지 폴로니우스였습니다. 충격을 받은 오필리아는 스스로 물에 몸을 던져 죽게 됩니다.

오필리아는 연인인 햄릿이 복수에 눈이 멀어져가는 모습을 오랫동안 인내했습니다. 음모를 숨기고자 자신에게 일부러 냉담하게 대하는 햄릿의 모습도 눈감아주었죠. 하지만 사랑하는 이가 아버지를 죽이는 일을 견딜 수 있는 사람이 어디 있을까요? 오필리아의 삶은 끝내 달콤한 열매를 맺지 못하고 떨어진 꽃과 같았던 것 같습니다. 아마도 밀레이가 〈오필리아〉라는 역사에

존 에버렛 밀레이, 〈오필리아〉, 1852

길이 남을 대작을 그려낼 수 있었던 이유는 오필리아의 인내를 간접적으로나마 상상할 수 있게 하는 기나긴 인고의 작업 덕분 이지 않았을까요?

인내는 의지력의 문제라고들 많이 생각하시지요? 하지만 '인 내 호르몬'인 가바에 대해서 알게 되면 생각이 달라질 겁니다. 가 바 본연의 역할은 교감신경계와 부교감신경계의 신경전달물질 입니다.

가바는 억제성 신경전달물질이기 때문에 뇌와 신경을 달래서 다른 혈압을 낮춰주는 작용을 합니다. 그리고 고혈압의 예방 및 개선, 혈중 중성지방 저하 등의 역할을 합니다. 또한 장내에 나쁜 균이 증가하는 것을 억제하므로 변비도 나아지고, 간과 신장의 기능도 강화해주는 등 장점을 아주 많이 가진 호르몬이에요.

그뿐만 아니라 뇌에 직접 작용하는 성분은 아니지만 신경을 이완·진정시켜주는 효과가 있지요. 숙면을 방해하는 요소를 줄여줘서 신경을 안정시켜 평안한 밤을 이루게 해주고, 우울증을 완화하는 데도 중요한 역할을 합니다. 한 연구에 의하면, 우울증 환자 대부분은 가바 수치가 평균 이하를 보인다고 합니다. 자연 식품, 보충제, 명상이나 운동을 통해 가바 수치를 정상화하면 우울증이 크게 나아지죠.

가바의 기능을 이야기할 때 빼놓을 수 없는 질병이 바로 ADHD 증상입니다. 주의력결핍 과잉행동장애를 말하죠. 과거에는 어린 이에게만 나타난다고 했지만, 요즘에는 성인에게도 많이 발견되는 질병이죠. ADHD 환자의 경우, 가바 수치를 안정적으로 유지하면 ADHD 증상도 효과적으로 완화할 수 있습니다. 연구 결과상으로도 이 증세를 가진 아동은 평균보다 가바 수치가 월등하게 낮으며, 수치가 낮을수록 충동을 억제하지 못해서 문제 행동을 더 많이 일으키는 것으로 나타났습니다.

가바를 인내 호르몬이라 이름 붙인 것도 이 때문입니다. 자신의 행동을 절제하지 못하고 충동적으로 반응하는 것은 그만큼 제어력과 인내심이 부족하다는 의미이기 때문이지요. 인내심이 많고 적은 것도 호르몬 때문이라 하니 신기하지요? 요즘처럼 '욱하는 사회', '분노 사회'가 되는 것도 가바의 결핍으로 인내심이 바닥이 났기 때문은 아닌가 싶어요.

이제까지 가바의 이완 효과를 중심으로 설명했지만, 사실 이게 끝이 아니랍니다. 가바에는 성장호르몬 분비를 자극하는 기능까지 있다고 하는데요. 한 연구에서 가바 100밀리그램을 함유한 음식을 쥐에게 먹였더니 30분 후 성장호르몬 농도가 가바를 먹이지 않은 쥐에 비해 4~5배나 높았다고 합니다. 이런 상태는 이후 두 시간 이상 지속하였고요. 비슷한 방식의 다른 실험에서도 같은 결과를 얻을 수 있었다 하죠. 이는 가바가 간접적으로 성장과 발육, 근육 합성 등에 큰 도움을 준다는 사실을 입증한 셈입니다.

알코올 대사를 촉진하는 기능을 맡고 있다는 것도 빼놓을 수 없지요. 쉽게 말해서 알코올이 빨리 분해되도록 도와줍니다. 사람을 대상으로 한 임상시험에서 두 집단에 일정량의 위스키를 마시게 했더니, 가바를 투여한 집단은 그렇지 않은 집단에 비해 혈중 에탄올 함량이 15퍼센트가량 저하되었다고 하네요.

이처럼 가바의 기능이 워낙 다양하다 보니 더 복잡하고 어렵게 느껴질 수도 있을 것 같네요. 중요한 가바의 기능 7가지를 간단히 정리하면 다음과 같습니다.

① 혈압 저하 효과

② 불안증, 우울증, 갱년기장애 개선 효과

③ 진정 및 항스트레스 효과

④ 학습능력 향상 효과

⑤ 주의력결핍 과잉행동장애(ADHD) 개선 효과

⑥ 성장호르몬 촉진 효과

⑦ 알코올 대사 효과

가바는 체내에서 생성되지만 스트레스를 많이 받는 현대인은 체내 농도가 크게 저하되어 있을 수 있답니다. 이를 보충해주기 위해서는 가바가 함유된 음식을 섭취해주면 큰 도움을 받을 수 있어요. 어떤 식품에 가바가 많이 함유되어 있을까요?

- **발효식품** 대체로 발효식품에 가바가 많이 들어 있는데, 이는 발효 과정에서 가바가 잘 생성되기 때문입니다. 특히 김치는 다른 식품에 비해 가바 성분이 월등히 많다 하죠. 대두를 발효하여 만든 인도네시아의 전통 식품인 템페temphe는 100그램당 1000밀리그램 이상의 가바를 함유하고 있다고 합니다.
- **발아현미** 최근 현미가 원래 갖고 있는 가바의 함량을 증량시킨 가공식품들이 많이 연구되고 있습니다.
- **과채류** 토마토, 양배추, 표고버섯, 김자, 가지, 오이, 귤, 유자, 포두 등이 해당됩니다. 하지만 이런 과채류를 챙겨 먹기가 어려운 상황이라면 채소 주스를 마시는 것도 큰 도움이 됩니다.

프랑수아 부셰, 〈에로스의 잠〉, 18C

베일을 벗은 비만의 진짜 이유

**비만 호르몬,
인슐린**

우리 몸의 물질대사에 중요한 역할을 하는 호르몬이다.
혈당을 유지하고 체지방을 조절한다. 지질과 단백질의
대사, 세포 성장, 식욕 등에 두루 영향을 미친다.

아기 천사들을 위한 잔소리

많은 분들이 지방은 곧 건강의 적이라고 생각하시는데 꼭 그렇지만은 않습니다. 지방에도 건강에 좋은 지방과 나쁜 지방이 따로 있거든요. 자세한 이야기는 잠깐 뒤로 미뤄두고, 그림 이야기로 돌아가보겠습니다.

세상에 곤히 잠든 아기만큼 사랑스럽고 아름다운 존재가 있을까요? 미술관 입구에 걸린 그림 속에서 귀여운 아기 천사들이 구름을 이불 삼아서 포근하게 자고 있습니다. 포동포동한 살집이 특히 시선을 빼앗지요. 괜스레 미소가 지어지는 작품입니다.

프랑수아 부셰François Boucher는 18세기 프랑스 로코코 미술을 대표하는 화가입니다. 밝고 화려하고 호화스럽고 우아하고 에로틱한 그림을 그리면서 오늘날에 우리가 '프랑스풍'이라고 생각하는 그 이미지를 만드는 데 큰 영향을 미쳤지요. 부셰는 프랑스 상류층의 문화나 그리스신화를 많이 그렸는데요, 앞의 작품에서도 그리스신화 속 개구쟁이 사랑의 신 에로스가 형상화되어 있습니다.

먹을거리가 넘쳐나는 요즘, 아마 많은 부모님이 소아비만을 걱정하시지 않을까 싶어요. 짭조름하고 달짝지근한 유혹들은 어른도 참기 힘든데, 아이들은 어떻겠습니까? 하지만 아무래도 조심하는 게 좋겠습니다.

어른은 살이 찌면 지방세포의 크기가 커집니다. 그런데 아이들은 살이 찌면, 지방세포의 수가 늘어나지요. 지방세포의 수는 나이가 들어도 줄어들지 않기 때문에 어릴 적에 지방세포가 과도하게 많아지면 살이 찌는 체질이 될 수 있답니다. 만 1세에서 만 4세까지는 살이 쪄도 괜찮습니다. 그 시기에는 살이 오히려 성장에 도움이 되기도 하고요. 하지만 만 4세에서 만 7세까지는 지방세포의 수가 크게 늘어나는 시기이기 때문에 주의하는 게 좋습니다. 이 시기에 살이 찐 아이들은 자라서도 비만이 될 가능성이 높습니다.

미술사에서 아기 천사들은 대개 헐벗은 모습으로 표현됩니다. 아기의 순수성을 더 투명하게 표현하기 위한 미학적인 이유가 큽니다. 하지만 아이들이 어른에 비해서 추위를 훨씬 덜 타서 그럴지도 모릅니다. 한겨울에 놀이터에 가보면, 아이들이 외투를 벗어던지고 뛰어놀고 있지요. 땀까지 흘리면서 말입니다. 그 비밀은 바로 지방 속에 있습니다.

잠이 들면 기초대사율이 줄면서 추위에 더 취약해집니다. 하지만 곰 같은 동물들은 겨우내 잠을 자는데도 얼어 죽지 않습니다. 그 비밀은 갈색지방 때문인데요, 갈색지방은 우리 옆구리에 쌓여만 가는 그 지방과는 다릅니다. 축적되는 것이 아니라 활용되면서 열을 발생하지요. 곰은 갈색지방이 지방을 분해하면서 생기는 열 덕분에 한겨울을 버티고 한층 가벼운 몸으로 봄을 맞을 수 있는 겁니다. 같은 이유로, 아이들은 어른들에 비해서 갈색지방이 많아 추위를 잘 느끼지 못하는 것이지요.

안타깝게도, 나이가 들면 갈색지방이 거의 남지 않습니다. 하지만 갈색지방을 조금이라도 활성화하는 방법은 존재합니다. 이 방법에 대해서는 뒤에서 마이오카인을 소개할 때 조금 더 구체적으로 설명드릴게요.

미의 기준과 비만의 역설

오귀스트 르누아르Auguste Renoir는 〈목욕하는 여인들〉이라는 제목으로 두 점의 작품을 남겼습니다. 하나는 1887년 작이고, 다른 하나는 1919년 작입니다. 같은 화가가 그렸다고는 믿기지 않을 정도로 큰 차이를 보이는 작품이지요. 물론 세부적으로 들여다보면 르누아르 특유의 부드러운 붓 터치를 확인할 수 있지만요.

제가 보기에는 두 작품 모두 제각기 매력적으로 느껴지는데요, 당시 사람들은 각기 다른 이유로 두 작품을 비판했습니다. 첫 번째 그림에서 르누아르는 인물을 마치 그리스 조각상처럼 건조하고 견고한 모습으로 표현했지요? 우리가 알고 있는 르누아르의 화풍과는 거리가 있습니다. 당시 르누아르는 전통적인 회화와 인상주의를 결합한 새로운 스타일을 만들고자 했고, 그 첫 시도가 바로 1887년 작 〈목욕하는 여인들〉이었어요. 하지만 이 작품

오귀스트 르누아르, 〈목욕하는 여인들〉, 1887

오귀스트 르누아르, 〈목욕하는 여인들〉, 1919

으로 극렬한 비판을 받은 르누아르는 다시는 이런 화풍으로 그림을 그리지 않았다고 하지요.

두 번째 작품이 비판을 받은 이유는 다소 어처구니가 없습니다. 여성들의 팔다리가 너무 우람하다는 것이었지요. 오늘날에 이 작품은 르누아르 예술의 정수를 담았다는 평가를 받고 있습니다. 풍만하고 건강한 여성은 르누아르에게 평생의 예술적 영감이었습니다. 작품 속에서 여인과 풍경은 하나가 된 듯이 유연하게 어우러집니다. 그리고 편안하게 누워 있는 여인들의 모습에서 말할 수 없는 평온과 행복이 엿보이는군요.

1919년 작 〈목욕하는 여인들〉은 르누아르의 마지막 작품이었습니다. 이 그림을 그릴 무렵에 르누아르는 통풍과 류머티즘에 걸려 제대로 걷지도 못할 지경이었습니다. 게다가 오른팔에 골절상까지 입어서 그림을 왼손으로 그려야 했습니다. 류머티즘에 걸리면, 손가락 마디가 붓고 뻣뻣하게 굳기 시작하지요. 르누아르는 붓을 제대로 잡을 수조차 없었다고 합니다. 그런데도 르누아르는 그림을 포기하지 않았습니다. 끈으로 붓을 손에 묶어서 끝내 작품을 완성했습니다.

말년의 르누아르가 그린 두 번째 작품에서 여인들은 젊은 르누아르가 그린 첫 번째 작품에서보다 살이 쪘습니다. 복부지방으로 인해 생긴 복부 주름이 눈에 보입니다. 르누아르는 류머티즘의 고통으로 인해 젊은 날만큼 아름다움을 극대화하여 표현하지 못한 걸까요? 르누아르가 남긴 말이 있습니다.

고통은 지나가지만 아름다움은 남는다.

제가 보기에 두 번째 〈목욕하는 여인들〉은 르누아르가 노쇠했다는 증거가 아닙니다. 르누아르의 내면에서 아름다움의 기준이 달라졌음을 보여준다고 생각합니다. 시대에 따라 아름다움의 기준이 달라지듯, 한 사람의 생애 속에서도 아름다움의 기준은 달라지지 않겠습니까? 무엇이 더 아름답고 무엇이 덜 아름다운 걸까요? 르누아르는 이렇게 대답하지 않을까 싶습니다. "그때는 그것이 아름다웠고, 지금은 이것이 아름답다"라고요.

빌렌도르프와 모딜리아니 사이에서

〈빌렌도르프의 비너스〉는 구석기시대에 만들어진 석재 여인상입니다. 가슴과 배, 엉덩이가 강조되어 있는 것으로 보아, 출산과 풍요를 기원하며 만들어진 것으로 추정됩니다.

미디어에서 그려지는 비너스의 이미지는 할리우드 배우처럼 길쭉하고 마른 여인입니다. 하지만 고대 그리스인은 비너스를 〈빌렌도르프의 비너스〉처럼 짧고 뚱뚱한 모습으로 상상하지 않았을까 싶습니다. 고대 그리스에서 여성의 비만은 다산과 건강

작가 미상, 〈빌렌도르프의 비너스〉,
BC 24000~BC 22000

을 상징했거든요.

사람마다, 그리고 시대에 따라 아름다움의 기준은 끊임없이 달라집니다. 한때 축복이었던 비만이 오늘날에 저주가 된 것처럼 말입니다. 그러나 예나 지금이나 변하지 않는 한 가지 아름다움은 존재한다고 생각합니다. 다음의 마지막 그림에서 그것이 무엇인지 이야기해보겠습니다.

이탈리아 태생의 아메데오 모딜리아니Amedeo Modigliani는 제1차 세계대전 후 파리에서 활약한 외국인 화가 그룹을 가리키는 '에콜 드 파리'의 화가였지요. 가늘고 긴 얼굴, 긴 목의 여성들, 눈동자가 없는 눈 등 모딜리아니만의 독특한 초상화로 잘 알려져 있습니다.

언젠가 그는 친구의 도움을 받아 전시회를 열었습니다. 그런데 원도에 전시한 누드화 두 점을 본 경찰은 미풍양속을 해친다며 철거 명령을 내렸고, 전시회는 허무하게 끝날 수밖에 없었습니다. 모딜리아니는 평생 인정받지 못했고 생활고에 시달렸습니다.

모딜리아니는 특히 화가 지망생 잔 에뷔테른과의 슬픈 사랑으로 유명하지요. 모딜리아니는 아름다운 잔 에뷔테른을 파리 몽파르나스의 한 카페에서 만났습니다. 사랑에 빠진 두 사람은 동거를 시작했고, 딸을 낳았지만 너무 가난한 나머지 겨울에 난로조차 피울 수 없었습니다.

여전히 둘 사이를 인정하지 않았던 잔의 부모는 결국 딸을 데리고 가버렸습니다. 잔이 친정에 갇혀 있던 때 모딜리아니는 한 겨울을 넘기지 못하고 폐결핵으로 세상을 떠납니다. 잔은 남편이 숨진 다음 날, 아파트에서 뛰어내려 모딜리아니를 뒤따라갑니다. 사람들이 모딜리아니라는 천재를 알아봤더라면, 무례한 경찰이 전시회를 내버려뒀더라면, 잔의 부모가 사랑을 인정했더라면…… 모딜리아니의 생애를 따라가다 보면, 이제는 무의미해진 가정들을 하게 됩니다.

그림 속 도도한 표정의 소녀는 모딜리아니의 아내 잔 에뷔테른입니다. 잔은 언젠가 모딜리아니에게 묻습니다. 어째서 인물화에 눈동자를 그리지 않느냐고 말입니다. 모딜리아니는 대답합니다. 영혼을 알아야 눈동자를 그릴 수 있다고요. 모딜리아니는 잔과 결혼생활을 시작한 지 얼마 지나지 않아 잔의 초상화에 눈동자를 그려 넣었습니다. 영혼까지 사랑함을 그렇게 표현했던 것이지요.

제 생각에 아름다움이란 살찐 모습에 있는 것도, 비쩍 마른 모

아메데오 모딜리아니, 〈소녀의 초상(잔 에뷔테른)〉, 1919

습에 있는 것도 아닙니다. 상대방의 모습이 어떻든 우리가 사랑한다면 그 모습이 아름답게 느껴질 겁니다. 거울에 비친 자신의 모습이 지나치게 말랐거나 살이 쪘다고 느껴지실 때가 있을 겁니다. 그런 마음은 자존감이 낮아져 있을 때 더 많이 생겨나지요. 괜히 자책하지 마시라고, 그 모습을 사랑해보시라고 말씀드리고 싶습니다. 건강과 사랑, 두 가지만 있다면 우리는 늘 아름다울 수 있습니다.

비만의 굴레를 푸는 열쇠

주변에 당뇨병으로 고생하는 사람들이 많으실 겁니다. 예전에는 노년에 걸리는 질병으로 인식되었지만, 젊은 사람들에게도 나타나는 흔한 질병입니다. 당뇨병의 위험성은 많이들 알고 계시겠지만, 당뇨병이 왜 생기는지에 대해서는 모르는 분이 대다수입니다. '단 걸 많이 먹으면 걸리는 거 아냐?'라고 생각하시는 경우가 많지요.

당뇨병도 호르몬의 일종인 인슐린 문제에서 생겨나는데요, 먼저 인슐린의 정체가 무엇인지 간단하게 살펴보겠습니다.

인슐린이 발견된 지는 100년 정도밖에 되지 않았습니다. 1921년에 캐나다의 밴팅Frederick Banting과 베스트Charles Best가 발견했고, 이 성과로 노벨의학상을 받았습니다. 인슐린 치료를 가장 처음 받은 환자는 14살 소년 레오나르도 톰슨이었습니다. 1922년 당시 톰슨의 체중은 14살인데도 고작 5.8킬로그램이었습니다. 그런데 인슐린 치료를 받은 지 2개월 만에 체중이 13킬로그램까지 늘었지요. 그 덕에 13년을 더 살 수 있었습니다. 당시에는 잘 몰랐지만, 톰슨은 극단적인 제1형 당뇨병이었던 걸로 추정됩니다.

인슐린이 당뇨병으로 이어지는 과정은 이렇습니다. 과식을 하게 되면 우리 몸속에 포도당이 많아지고, 그러면 혈당이 급속하게 높아집니다. 이를 낮추기 위해서 인슐린이 평소보다 많이 분비됩니다. 문제는 인슐린이 혈당을 떨어뜨릴 뿐만 아니라 식욕을 높인다는 점입니다. 즉, 과식이 또 다른 과식을 불러일으킨다는 것이지요. 이로 인해 인슐린은 더 많이 분비되고, 약물에 내성이 생기듯이 제 기능을 서서히 잃게 됩니다. 결국 인슐린이 많아도 제대로 된 기능을 못하는 '인슐린 저항성'이라는 현상이 발생합니다. 실제로 당뇨병 환자 중에는 인슐린 수치가 일반인보다 오히려 높은 경우도 많습니다.

제가 인슐린을 비만 호르몬이라고 표현한 이유는 비만과 인슐린이 밀접한 관련이 있기 때문입니다. 인슐린이 과하게 분비되면 지방을 형성하거든요. 그리고 비만이 되면 인슐린 저항성이 증가하면서 또 인슐린 수치가 높아지는 악순환이 발생합니다.

의학계에서는 인슐린 저항성을 어떻게 개선할 수 있을지 꾸준히 연구해오고 있습니다. 최근에 당뇨병 환자들에게 인슐린이 아니라 성장호르몬을 투여하는 연구를 진행한 적이 있습니다. 흥미롭게도 성장호르몬으로 인해 근육량이 늘면서 환자들의 혈당이 더 잘 조절되었습니다. 근육량이 인슐린 민감도를 높이는 데 도움이 된다는 것이죠. 이처럼 호르몬과 우리 몸의 관계를 다각도에서 살펴보아야 가장 적절한 해결책을 찾을 수 있습니다.

체지방 조절의 열쇠를 쥐고 있는 호르몬을 꼽자면 인슐린과 글루카곤이라고 이야기할 수 있습니다. 물론 렙틴이나 그렐린 같은 식욕조절 호르몬도 체지방 조절에 중요한 역할을 하고요. 근육량과 체지방량에 영향을 주는 성장호르몬, 소장에서 분비되어 인슐린 분비에 영향을 미치는 인크레틴도 생각해야 합니다. 이 수많은 호르몬이 제 역할을 하고 서로 영향을 주고받으면서 몸의 균형을 유지합니다. 어느 하나라도 무너지게 되면 도미노처럼 와르르 무너질 수 있지요.

사실 우리가 알고 있는 호르몬은 빙산의 일각입니다. 현대의학으로도 아직 호르몬이 어떻게 작용하는지 완벽하게 파악하지는 못한 것이지요. 호르몬의 시스템 덕분에 우리가 이렇게 살아갈 수 있는 것인데도 말입니다. 갖가지 호르몬이 베일을 벗고 그 성체를 드러낼 때, 우리 건강도 더 확실하게 보장받게 되지 않을까 싶습니다.

당뇨병을 유발하는 가장 큰 문제는 설탕입니다. 무심코 먹고 마시는 음식 속에 숨은 설탕만큼 당뇨병에 치명적인 것은 없습니다. 이처럼 우리가 먹는 음식에 설탕의 양이 점점 많아지자, 일부 나라에서는 설탕에 세금을 부과하는 이른바 '설탕세'를 도입했습니다. 미국, 영국, 노르웨이, 태국, 필리핀 등 많은 나라에서 국민 건강에 설탕이 미치는 악영향을 고려해 설탕세를 실시하고 있습니다. 영국은 2018년에 설탕세를 도입한 이후, 영국인의 1인당 설탕 소비량이 28.8퍼센트가량 감소했다고 합니다. 설탕 섭취를 효과적으로 줄일 수 있는 좋은 습관들을 알려드리겠습니다.

| 설탕을 줄여주는 습관 |

① 하루 세 끼 시간을 맞춰서 먹기

식사가 불규칙해지면 과식과 폭식의 위험성이 높아집니다. 과식과 폭식은 혈당을 급격하게 높여서 췌장이 단기간에 많은 일을 하게 만듭니다. 이런 상황이 자주 반복되면 췌장은 지치게 되고, 인슐린 분비 능력이 저하될 수 있습니다.

아침을 거르면 우리 몸이 공복 상태에서 에너지를 내기 위해서 저장되어 있는 당분과 지방을 이용하게 됩니다. 이 과정에서 산화물질이 발생하게 되는데, 이는 인슐린 저항성을 높여서 당뇨병을 악화할 수 있습니다. 따라서 세 끼를 규칙적으로 먹는 게 당뇨병에 좋습니다. 바빠서 식사를 하기 어렵다면 간식이라도 챙겨 먹어야 합니다.

② 저당 음식 섭취하기

'식품별 당지수'라는 것이 있습니다. 음식이 얼마나 빠르게 혈당을 높이는지를 비교한 수치인데요. 당지수가 높은 음식은 혈당을 빠르게 상승시켜 인슐린 분비량을 촉진하고, 당지수가 낮은 음식은 소화가 더디게 되어 포만감이 오래 갑니다. 쉽게 말해 칼로리가 음식의 양이라면, 당지수는 음식의 질입니다. 질이 좋은 음식을, 즉 당지수가 낮은 음식을 먹는 게 중요합니다.

식품별 당지수 리스트

당지수란 빈속에 음식을 먹고 30분 뒤에 혈당치 상승률을 나타내는 수치입니다. 단순 포도당 50그램을 먹고 상승률을 100이라고 보았을 때, 상대적으로 얼마나 상승하는지를 확인할 수 있습니다. 다음은 주요 식품의 당지수를 정리한 표로, 건강을 위해서는 60을 기준으로 그보다 낮은 식품을 골라 먹는 게 좋습니다.

- 90~80인 식품: 감자튀김, 떡
- 79~70인 식품: 수박, 바게트, 초콜릿바, 콜라, 쿠키, 옥수수
- 69~60인 식품: 건포도, 껍질 벗기지 않은 삶은 감자, 비트, 바나나
- 59~50인 식품: 통곡물빵, 통조림 콩, 고구마, 통곡물 파스타

- 49~40인 식품: 콩, 통곡물 무설탕 시리얼, 오트밀, 무설탕 과일주스
- 39~30인 식품: 당근, 렌틸콩, 퀴노아, 현미
- 29~10인 식품: 녹색 채소류, 가지, 토마토, 애호박, 마늘, 양파

③ 담백하게 조리해 먹기

같은 식품이라도 조리법에 따라 당지수에 큰 차이가 있습니다. 혈당을 조금만 높이려면 가능한 한 담백하게 조리해야 합니다. 굽거나 튀기기보다 삶거나 쪄서 먹는 게 좋고, 양념은 최소화하여 재료 본연의 맛을 살려야 합니다. 탄수화물을 먹을 때는 수용성 식이섬유와 함께 먹는 게 좋습니다. 수용성 식이섬유가 소화를 늦추고 포만감을 지속해주기 때문이죠. 수용성 식이섬유는 말린 미역, 파래, 김, 말린 표고버섯, 귀리, 조, 콩 등에 많이 함유돼 있습니다.

④ 소금과 설탕을 줄이기

짜지 않으면 심심해서 어떻게 먹느냐고 하는 분들이 많지만, 다른 맛으로 대체하다 보면 짠맛의 유혹을 떨쳐낼 수 있습니다. 다양한 천연조미료를 이용해서 신맛, 감칠맛, 매운맛 등 다채로운 맛을 살려보기를 권합니다.

무엇보다 설탕과 액상과당 섭취량을 줄여야 합니다. 액상과당은 물엿, 시럽, 꿀, 올리고당 등을 뜻하는데, 생김새는 다르지만 설탕과 같이 혈당을 높이는 식품이니 유의해야 합니다. 생각보다 설탕을 대체하는 방법은 많습니다. 단호박, 양파, 무처럼 단맛이 나는 채소를 이용해서 요리하면 설탕을 쓰지 않아도 단맛이 충분히 배어나죠. 또 설탕 대신 사카린, 아스파탐 같은 저당감 미료가 들어 있는 식품도 괜찮습니다.

⑤ 운동을 약 먹듯이 꾸준하게 하기

당뇨병 환자에게 인슐린이 아니라 성장호르몬을 투여하여 좋은 결과를 얻은 바가 있습니다. 성장호르몬 투여가 근육량을 늘려주어 혈당 조절 효과를 보았는데, 근육량이 인슐린 민감도를 높이는 데 도움을 준다는 이야기입니다. 혈당 문제를 겪는다면 약을 챙겨 먹는다는 마음으로 꾸준히 운동하는 것이 필수입니다.

즐거움 樂

제4관

내 몸과 마음에 꼭 맞게 웃는 법

#
성호르몬, 테스토스테론과 에스트로겐
식욕 호르몬, 그렐린과 렙틴
근육 호르몬, 마이오카인

단테 가브리엘 로세티,
〈페르세포네〉, 1874

나이 듦의 즐거움을 만끽하는 법

**성호르몬,
테스토스테론과
에스트로겐**
성장, 발달, 생식 주기, 성행동을 조절하는 스테로이드 호르몬으로, 남성에게는 주로 테스토스테론이, 여성에게는 주로 에스트로겐이 작용한다.

당신도 '댄디'인가요?

〈로베르 드 몽테스키외 백작의 초상〉은 당대 사교계의 거물이었던 몽테스키외 백작을 마치 멋스러운 패션화보처럼 그려낸 그림입니다. 몽테스키외 백작은 당시 평론가, 시인, 예술가로 활동한 인물로, 소설가 마르셀 프루스트의 소설에 모델로 등장할 정도로 유명인사였다고 합니다.

조반니 볼디니의 이 그림에서 드러나는 백작의 모습은 어떤가요? 무심한 표정, 머리카락이 한 가닥도 삐져나오지 않은 깔끔한 헤어스타일, 멋을 잔뜩 부린 콧수염 등, 왠지 초상화 모델로 서기 전에 정말 오랫동안 거울을 들여다보며 외모를 점검하고 또 점검했을 것만 같습니다. 게다가 최고급 양복을 입고 산양 가죽장갑을 낀 채 루이 15세가 썼던 지팡이를 우아하게 들고 있습니다.

이 그림은 '댄디즘dandyism'의 진수를 보여줍니다. 댄디란 우아한 복장과 세련된 몸가짐으로 지적인 우월감을 뽐내는 멋쟁이 남성을 가리키는 단어입니다.

당시 댄디를 표방하는 대다수 남성은 겉모습을 치장하는 데만 집착하는 분위기였습니다. 그러나 몽테스키외 백작은 조금 궤를 달리한 모양입니다.

시인 보들레르는 몽테스키외 백작을 "스스로 독창성에 이르

조반니 볼디니, 〈로베르 드 몽테스키외 백작의 초상〉, 1897

고자 하는 열렬한 욕구에 사로잡힌 정신적 귀족주의자"라고 평했습니다.

즉 몽테스키외 백작은 내면적으로, 정신적으로 '진짜 댄디'가 되려고 부단히 노력했던 거지요. 물질적인 풍요가 아닌 정신적인 품위야말로 진짜 댄디라고 보았던 것입니다.

백작의 나이가 대략 몇 살 정도 되어 보이나요? 정확히는 알 수 없지만 제 예상으로는 갱년기를 한창 지나고 있는 나이대일 것이라 짐작됩니다. 남성에게도 갱년기가 있냐고요? 물론이지요.

남성호르몬인 테스토스테론 수치는 40대 이후로 매년 1퍼센트 정도씩 감소합니다. 60대까지 꾸준하게 감소하다가 80대에 이르면 상당히 낮은 수치가 됩니다.

40대 중반만 되어도 남성에게 갱년기가 찾아오면서 큰 변화를 겪죠. 연구에 따르면 테스토스테론의 분비량이 감소하면 피로감, 우울증, 무력감이 몰려오고, 근골격의 양은 떨어지며 체지방량은 증가한다고 합니다.

만약 멋쟁이의 판단 기준이 겉모습이라면, 그 무렵에 많은 남성들은 이미 멋쟁이의 자격을 꽤 잃어버리게 되는 셈이죠. 갱년기 남성이 위축되고 자신감을 잃는 것도 그런 이유 때문이지 않을까 싶습니다.

그런데 갱년기가 몽테스키외 백작을 피해가기라도 한 걸까요? 백작은 오히려 당당해 보입니다. 겉모습도 겉모습이지만 내면을 끊임없이 가꾸어왔기 때문입니다.

나이가 들어가면서 호르몬 기능이 떨어지고 주름살이 생기는 것은 어쩌면 당연한 일입니다. 여러 방법의 노력으로 노화를 늦추거나 보완할 수는 있지만 되돌리는 것은 쉽지 않은 일이죠. 반면 내적인 아름다움은 결코 사라지지 않습니다. 세월이 야속하기만 한 남성들에게 볼디니가 그린 몽테스키외 백작의 기품과 자세는 '잘 늙어가는' 아름다움을 생각하게 만드는 계기가 되지 않을까 싶습니다.

성性이 아니라 삶을 위해서

남성호르몬의 종류로는 테스토스테론, 안드로겐, DHT 등이 있습니다.

테스토스테론은 정소에서 생성되고 분비되는 대표적인 남성호르몬이지요. 사춘기에는 성기 발육을 촉진하고 이차성징을 발현시키는 기능을 합니다. 그밖에도 발기, 사정량, 사정시간 등 거의 모든 성 기능과 성행위 영역에 관여하는 호르몬으로 알려져 있습니다

그뿐만 아니라 한 연구에서는 테스토스테론 수치가 낮으면 심장병, 당뇨병, 알츠하이머병의 위험이 커진다고 경고했습니

다. 다만 테스토스테론과 건강 간의 관계가 확실하게 밝혀진 것은 아닙니다.

테스토스테론 수치가 높으면 오히려 정자 수가 감소하고 심장마비 위험이 증가하며 청소년의 성장을 저해할 수 있다는 하버드대학교 의과대학의 연구 결과도 있었으니까요.

또 다른 남성호르몬인 안드로겐은 부신수질에서 생성되며 생식계 성장과 발달에 영향을 미치는 호르몬입니다. 이 호르몬은 피를 생성하는 조혈계통, 인지기능, 정서 상태, 근육량, 골밀도, 지질대사, 혈관 반응성, 체액 및 전해질 조절 등 신체에 광범위한 영향을 미칩니다.

남성호르몬이 지나치게 많이 분비되어도 문제예요. 높은 공격성, 과다한 성욕, 전립선 질환 등이 생길 수 있으니까요. 반대로 적게 분비되면 불임, 성 기능 저하, 무기력증과 같은 대사 문제를 겪을 수 있습니다. 성욕이 감퇴하면서 삶의 질이 떨어지고 고지혈증, 당뇨병, 비만, 골다공증 등의 질병이 찾아올 가능성도 높아집니다.

만약 앞서 이야기한 남성호르몬 저하 증상을 종종 겪는다면 병원에서 수치를 측정해보는 게 좋습니다. 수치가 떨어졌다면 남성호르몬 분비를 늘려주는 식습관과 생활 습관으로 관리해줄 수 있습니다. 만약 갱년기로 인해 수치가 정상보다 크게 낮아져 있는 경우에는 적절한 호르몬 요법을 처방받을 수도 있고요.

석류 세 알이 불러온 겨울

단테 가브리엘 로세티Dante Gabriel Rossetti는 19세기 영국의 시인이자 화가입니다. 단테에 매료된 이탈리아의 망명 시인인 아버지 덕분에 로세티는 어릴 적부터 단테의 시를 탐독했습니다. 단테의 작품에서 영감을 받아 많은 시를 쓰고 그림을 그리게 되는데, 앞에서 만나보신 〈페르세포네〉 역시 그중 하나입니다.

그림의 주인공인 페르세포네는 그리스로마신화에 등장하는 봄과 씨앗의 여신입니다. 페르세포네는 주신 제우스와 대지의 여신 데메테르의 딸이자, 저승의 신 하데스의 부인이죠. 페르세포네가 하데스와 결혼하여 저승의 여신이 된 데는 일화가 있습니다.

저승에서 이승을 구경하던 하데스는 우연히 페르세포네를 보고 첫눈에 반하게 됩니다. 하데스는 누이인 데메테르 몰래 페르세포네를 저승으로 납치하게 되죠. 딸이 저승에 납치당했음을 알아차린 데메테르는 펄쩍 뛰었습니다. 제우스는 하데스에게 페르세포네를 당장 지상으로 보내라 명령을 하고 결국 페르세포네는 무사히 돌아오게 되지요. 그런데 지상으로 돌아가는 길에 페르세포네가 큰 실수를 저지릅니다.

저승에 끌려왔을 때 아무것도 먹지 않고 입에 대지 않았던 페르세포네였지만, 너무나 배가 고픈 나머지 저승에 있는 석류를

작가 미상, 〈페르세포네와 하데스〉, BC 440~BC 430

따서 세 알을 먹어버린 거죠.

알고 보니 저승에는 불문율이 있었습니다. 바로 저승의 음식을 먹은 자는 결국 지하로 돌아와야 한다는 법칙이었지요. 이로 인해 페르세포네는 한 해에 석 달은 저승에서, 나머지 기간은 이승에서 보내는 처지가 되었습니다.

페르세포네가 저승에 있는 석 달은 이승의 겨울입니다. 데메테르가 비통에 빠져서 아무 일도 하지 않아 지상은 황량하게 메마르죠. 그리고 페르세포네가 돌아오면 다시 봄이 찾아와 씨앗에서 싹이 움틉니다. 이 이야기에서 석류는 페르세포네가 저승에 발을 묶이게 되고, 지상에 겨울이 찾아오게 된 원인이 되지요.

놀랍게도 석류에는 천연 여성호르몬이라고 불리는 '식물성 에스트로겐'이 풍부합니다. 여성도 40대 이후부터 여성호르몬 분비가 급격하게 감소합니다. 그러면서 갱년기가 찾아오고 노화가 눈에 띄게 진행됩니다. 이 때문에 갱년기를 '여성의 겨울'에 비유하지요. 이 시기에 천연 여성호르몬을 섭취하면 건강에 큰 도움을 받을 수 있습니다. 그런 점에서 석류는 특히 효과적인 식품입니다.

이 이야기를 떠올릴 때마다 저는 그리스로마신화가 호르몬과 신진대사의 관계를 우회적으로 보여주는 것만 같더군요. 그리스인들은 이 모든 것을 어림짐작이라도 하고 있었던 걸까요?

달이 뜨고 지는 고통

일반적으로 '여성호르몬' 하면 떠오르는 것이 바로 에스트로겐입니다.

하지만 여성호르몬에는 에스트로겐 말고도 에스트라디올, 프로게스테론 등 다양한 호르몬이 있습니다. 난소에서 여성호르몬이 분비되는 과정은 꽤 복잡합니다.

먼저 뇌의 시상하부에서 성선자극호르몬이 방출되게끔 유도하는 호르몬이 나옵니다.

이 호르몬이 뇌하수체를 자극하면, 뇌하수체에서 생식선자극호르몬인 난포자극호르몬과 황체형성호르몬이 분비되죠. 생식선자극호르몬이 난소에 작용하면서 여성호르몬이 분비되는 겁니다. 이러한 일련의 과정은 주기성을 띠기 때문에 여성은 월경을 하게 되는 것이죠.

월경 주기에 따라서 호르몬의 변화가 크다 보니 여성의 기분 또한 그 변화가 비교적 큰 편입니다. 일반적으로 생리 시작 14일 전후인 배란기에는 에스트로겐 분비가 왕성해져서 정신적으로나 육체적으로 컨디션이 좋고 성욕도 증가합니다.

배란기를 지나 황체기에 이르면 프로게스테론의 분비가 늘어나지요. 두 가지 여성호르몬이 동시에 많아지면서 정서를 조절하는 시상하부에 문제가 생기면 불안, 초조, 수면장애, 우울증을

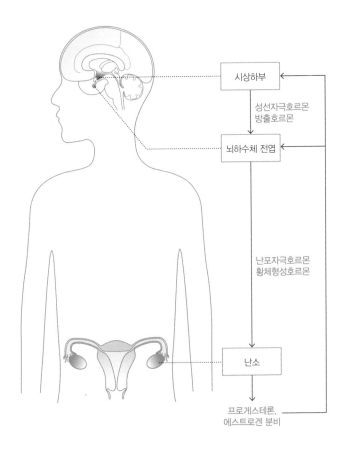

시상하부

성선자극호르몬
방출호르몬

뇌하수체 전엽

난포자극호르몬
황체형성호르몬

난소

프로게스테론,
에스트로겐 분비

여성호르몬 시스템 시상하부는 생식기, 뇌하수체 등과 상호작용하며 여성 생식계를 조절한다. 시상하부에서 분비되는 성선자극호르몬 방출호르몬은 뇌하수체 전엽을 자극하여 난포자극호르몬과 황체형성호르몬을 분비하게 한다. 이 두 호르몬의 분비는 난소에 작용하여 여성호르몬 분비로 이어진다.

경험하게 되죠. 감정 기복이 심해지고 몸의 긴장감 때문에 술도 당길 테고요. 멜라토닌이 과잉 분비되면서 시도 때도 없이 잠이 쏟아지기도 합니다.

그다음은 생리 시작 전주인 생리 전기입니다. 이 시기에는 급격한 호르몬 변화로 인해 생리전증후군이 나타날 수 있습니다. 세로토닌과 엔도르핀의 분비가 저하되어 안절부절못하고 공격성이 늘어납니다.

사소한 일에 상처를 받고 자기 비하를 하기도 합니다. 현기증을 느끼거나 배변 습관의 변화를 겪을 수 있고요, 간혹 낭비벽이 생기거나 도벽이 생기는 경우도 있습니다. 이렇듯 생리전증후군은 여러 가지 증상으로 나타나서 여성들을 매우 고통스럽게 만들죠.

생리기에는 에스트로겐과 프로게스테론 분비가 모두 감소합니다. 온몸이 축 처지고 의욕은 사라지며 생리통으로 고통을 받게 됩니다. 생리를 시작한 지 이틀은 지나야 에스트로겐 분비가 증가하면서 안정을 되찾을 수 있습니다.

폐경기에 접어들면 에스트로겐이 급감합니다. 이로 인해 많은 여성들이 우울증, 안면홍조, 극심한 기분 변화를 경험합니다. 의학적으로 문제가 되는 것은 골다공증, 당뇨병, 이상지질혈증 등 대사성 질환이 발병할 수 있다는 점이죠.

이러한 많은 문제들은 에스트로겐을 이용한 호르몬 대체요법으로 호전될 수 있습니다.

물론 여성이 겪는 호르몬 변화를 이해해주려는 주변 사람들의 따뜻한 마음이 우선시되어야겠지만요.

성호르몬 관리에 도움을 주는 음식을 소개하려 합니다. 그 전에 남성호르몬이든 여성호르몬이든, 호르몬 건강에 운동이 탁월한 효과를 발휘한다는 점을 알아야 합니다. 갱년기는 호르몬의 변화가 가장 극심한 시기라, 갱년기 문제로 어려움을 겪는 많은 사람들이 병원을 찾습니다.

그런 분들에게 저는 언제나 운동부터 권합니다. 일주일에 3회 이상은 산책이나 자전거, 수영 같은 유산소운동 및 근력운동을 해야 합니다. 그게 어렵다면 아침에 일어나서 스트레칭을 하는 것, 오갈 때 계단을 이용하는 것 같은 일상적인 운동부터 시작해도 좋습니다. 규칙적인 운동을 바탕으로 한 뒤 식이요법을 더해주는 겁니다.

성호르몬은 콜레스테롤을 재료로 만들어지는 스테로이드 호르몬입니다. 기본적으로 양질의 콜레스테롤을 섭취하는 게 성호르몬 합성에 도움이 된다는 얘기겠지요.

| 남성호르몬 관리에 도움이 되는 식품 |

① 달걀

달걀에 함유된 콜레스테롤이 테스토스테론 분비를 촉진합니다. 하루에 한 알 정도 먹는 게 좋습니다.

② 연어

연어를 비롯해 고등어, 참치 그리고 우유에는 비타민D가 들어 있습니다. 비타민D의 혈중 수준이 높을수록 테스토스테론 수치가 크게 높다는 연구 결과가 있습니다.

③ 홍삼

쥐를 대상으로 한 연구 결과, 홍삼을 매일 복용했을 때 혈중 테스토스테론 수치는 증가하고 정자의 운동성과 정자 수도 늘어나는 것으로 나타났습니다.

④ 굴

아연은 테스토스테론 분비를 촉진하는 성분입니다. 아연이 많이 든 식품으로는 굴이 대표적이고 그 밖에 게, 새우 등의 해산물과 콩, 깨, 호박씨가 있습니다.

⑤ 마늘

마늘을 비롯해 양파, 견과류에는 셀레늄이라는 성분이 많이 들어 있습니다. 혈중 테스토스테론과 셀레늄의 농도가 비례한다는 연구 결과가 있었는데,

특히 임신이 어려운 남성들에게 셀레늄과 테스토스테론이 부족한 것으로 나타났습니다.

| 여성호르몬 관리에 도움이 되는 식품 |

콩에 들어 있는 이소플라본은 에스트로겐과 유사한 기능을 하기 때문에 식물성 에스트로겐이라고도 불립니다. 이소플라본이 풍부한 음식을 알아보겠습니다.

① 두유

두유의 주요 영양 성분은 이소플라본과 콩 단백질입니다. 이소플라본은 우울증, 골다공증, 갱년기 증상 등을 완화하고 콩 단백질은 심장병 발생률을 낮춥니다. 두유에는 알칼리성 식품으로 칼륨, 인, 철, 마그네슘 등이 들어 있고, 소화가 잘 되는 단백질, 발육에 도움이 되는 라이신과 트립토판, 충치를 예방하는 글리신이 풍부합니다. 또한 레시틴이 풍부해 노화 방지와 피부 미용에도 좋고, 육류 섭취량이 증가한 현대인들의 신체 균형을 유지하는 데 도움이 됩니다.

② 콩나물

콩나물에 다량 함유된 이소플라본은 중성지방 배출에 효과적입니다. 콩나물의 머리와 줄기는 물론, 뿌리에도 영양분이 풍부하니, 떼어내지 않고 잘 손질하여 먹는 게 좋습니다.

③ 청국장

청국장은 메주콩을 10시간 이상 불리고 익힌 다음 납두균이 생기도록 뜨거운 곳에서 발효시킨 한국 전통 된장입니다. 청국장은 발효시키지 않은 콩보다 체내 이소플라본 흡수율이 더 높은 데다, 이소플라본이 풍부한 식품으로 갱년기 증상 완화에 효과적입니다.

오귀스트 르누아르, 〈뱃놀이 일행의 오찬〉, 1881

먹고사는 기쁨이 온전할 수 있도록

식욕 호르몬, 그렐린과 렙틴	그렐린은 섭식 행동을 부추기는 식욕 촉진제로 '식욕 호르몬'이라 불린다. 반면, 렙틴은 식욕을 억제하고 에너지 소비를 증가시키는 '식욕 억제 호르몬'이다.

식욕 호르몬의 저주에 걸린 에리직톤

아주 오래전 그리스신화에는 '무한한 식탐'이라는 형벌을 받은 인물, 에리직톤에 관한 이야기가 있습니다. 이 배고픔이라는 형벌을 받았다는 에리직톤은 누구일까요?

에리직톤은 아주 거만하고 불경스러운 사람이었습니다. 농업의 여신인 데메테르의 신성한 정원에는 숲의 요정들이 놀던 커다란 나무가 있었는데, 요정들의 만류에도 불구하고 에리직톤은 그 나무를 쓰러뜨리고 맙니다. 이에 분노한 데메테르는 굶주림의 여신 리모스를 보내 에리직톤에게 어마어마한 벌을 내립니다. 에리직톤의 혈관에 독을 투여하는 벌이었는데요. 그 독이 투여된 이후 에리직톤은 아무리 먹어도 허기를 채우지 못하게 됩니다. 눈에 보이는 모든 음식을 먹어치워도 여전히 배가 고팠습니다.

그는 먹는 것에 모든 재산을 다 써버리고, 더 이상 음식을 구할 돈이 없자 자신의 딸마저 팔아버리는 비정한 아버지가 됩니다. 노예로 팔려간 딸은 모습을 변장하여 주인으로부터 도망쳐 나오지만, 에리직톤은 도망쳐 나온 딸을 또다시 팔아서 먹을 것을 삽니다. 그럼에도 파도처럼 몰려오는 허기를 채우지 못한 에리직톤은 결국 자신의 몸을 모두 뜯어먹은 후에야 비로소 이 저주를 끝낼 수 있었습니다.

요한 빌헬름 바우어, 〈딸을 파는 에리직톤〉, 1641

참으로 비극적인 이야기지요. 이렇듯 우리 인간은 끊임없이 무언가를 채우려는 욕망에 사로잡혀 살아갑니다. 에리직톤에게 있어 무참한 욕망은 먹어도 먹어도 배고픔을 느끼는 식탐의 욕망이었지요. 형벌과 저주로 인한 결과였지만, 이 전설 속에서 우리는 한 호르몬을 발견할 수 있습니다.

데메테르의 명령을 받은 굶주림의 여신인 리모스가 에리직톤의 혈관에 주입했다는 그 독은 대체 무엇이었을까요? 호르몬 의사인 저는 그 독의 정체를 정확히 알고 있습니다. 이미 식사를

르네 마그리트, 〈마술사(네 팔의 자화상)〉, 1952

마쳤는데도 누군가 라면을 먹고 있으면 '한 입만!'을 외치게 만
드는 그 독 말입니다. 독의 이름은 그렐린입니다. 바로 식욕 호
르몬이지요.

에리직톤 이야기가 신화 속 이야기라서 와닿지 않으신다고
요? 그렇다면 현대사회에서 환생한 에리직톤을 그리고 있는 듯
한 작품을 소개해드리고 싶습니다. 넘치는 재치로 사람들을 사

로잡았던, 초현실주의를 대표하는 벨기에의 화가 르네 마그리트 René Magritte의 〈마술사(네 팔의 자화상)〉입니다. 마그리트의 독특한 화풍은 입체주의, 미래주의 같은 아방가르드 운동의 영향을 많이 받았다고 합니다.

마그리트는 불가능한 현실을 표현하는 데 관심이 많았죠. 마그리트의 작품을 보고 있으면 고정관념이 깨지고 상상력이 솟구칩니다. 마그리트는 이렇게 말하기도 했습니다.

"나는 나의 작품을 단순히 보는 것이 아니라 생각하게 만들고 싶다."

마그리트는 그림이 어떤 철학적인 생각을 촉발한다면 그로써 그림은 제 역할을 다한 셈이라고 생각했지요. 마그리트에게 그림이란 눈으로 볼 수 있는 철학인 겁니다. 저는 〈마술사〉를 보자마자 '배고픔'과 '식탐' 같은 키워드를 떠올렸습니다. 식욕 호르몬 그렐린의 덫에 걸려들었달까요? 이미 식사를 하고 있는데, 또 다른 손으로 음식을 만지고 있다니⋯⋯.

그림에서 인물의 표정은 전혀 즐거워 보이지 않습니다. 기계가 아닌가 의심이 될 정도로 아무런 감흥이 없는 얼굴입니다. 이 마술사도 굶주림의 저주에 걸린 걸까요?

술을 좋아하시는 분들은 매 끼니 술을 한두 잔씩이라도 드시

지요. 하지만 술은 무척 칼로리가 높을 뿐만 아니라 영양가가 없
죠. '술 마시면 술배 나온다'라는 말은 거짓말이 아닙니다. 게다
가 알코올은 식욕을 조절해주는 호르몬을 둔감하게 만드는 혐
의까지 있지요. 포도주를 따르는 마술사의 손이 식탐을 더욱 부
추기고 있다고 할 수 있습니다. 다른 건 제쳐두고서라도 이 점은
명심하시기를 바랍니다. 술은 술도 부르고 안주도 부르고 살도
부른다는 걸요.

대화를 나누면서 먹어요

식사하는 모습을 그린 다른 성격의 그림이 있습니다. 방 입구에
걸려 있는 르누아르의 〈뱃놀이 일행의 오찬〉입니다. 제목만 들어
도 어떤 상황인지 감이 오시지요?

여가를 즐기기를 좋아하는 파리의 근대인들은 친구들과 함
께 극장 관람, 뱃놀이, 경마, 식사를 하는 것이 일상이었습니다.
〈뱃놀이 일행의 오찬〉은 르누아르와 친구들이 뱃놀이를 즐기고
식사를 하는 모습을 그린 것입니다. 와인과 흥겨운 분위기에 취
한 사람들의 얼굴은 근심 걱정 없이 행복해 보입니다. 식사를
가장 맛있게 하는 방법은 역시 사랑하는 사람들과 함께 하는
것이겠지요.

오귀스트 르누아르는 이 그림에서 보듯 풍경화에도 남다른

재능을 가졌습니다. 인상파 화가 중에서 세잔이 보여준 엄정미嚴淨美와 대척점에 서 있는 르누아르는 특유의 화려한 화풍으로 찬사를 받았지요. 세잔이 풍경 속에서 자연의 정신을 품듯이, 르누아르는 은은한 빛이 감도는 여인과 풍경으로 아름다움을 자아냈습니다. 르누아르를 '내가 가장 좋아하는 화가'로 뽑는 사람이 꽤 많을 거라고 생각합니다.

오찬 파티의 풍경을 살펴볼까요? 다들 식사를 하는 건지, 대화를 나누는 건지 모르겠네요. 왼쪽의 여성은 고양이와 놀고 있고요. 오른쪽에 선 남성은 앉아 있는 여성에게 치근덕거리고 있는 것 같아요. 저 뒤편에서 진지한 토론을 하고 있는 신사들도 보입니다. 그들은 무슨 이야기를 나누고 있을까요? 하나하나 뜯어볼수록 더 흥겹게 느껴지는 그림입니다.

혼자 밥을 먹는 걸 가리켜서 '혼밥'이라고 하지요. 예전에는 혼밥하는 사람더러 궁상맞다거나 외로워 보인다고 이러쿵저러쿵했지만, 요즘에는 하나의 식사 문화로 자리잡았습니다. 저도 이제는 혼밥이 더 편하게 느껴지기도 하더군요. 그런데 혼밥 문화에서 생겨난 나쁜 습관이 있습니다. 스마트폰을 보면서 식사를 하는 습관 말이지요. 식당에 가면 귀에 이어폰을 꽂고 영상을 보거나 음악을 들으면서 밥을 먹는 분들을 쉽게 찾아볼 수 있습니다.

'TV 보면서 밥 먹으면 살찐다'라는 이야기를 들어보셨을 겁니다. 실제로 TV를 볼 때는 포만감이 잘 느껴지지 않습니다. TV에 정신을 빼앗겨서 기계적으로 음식을 섭취하게 되고, 이는 과식으로 이어져서 살이 찝니다. 이런 문제는 혼밥을 할 때도 생겨납니다. 스마트폰이 TV의 몫을 대신해서 우리 주의를 앗아가기 때문이지요.

사람들과 밥을 먹는 건 분명 신경 쓸 게 많습니다. 뭘 먹을지, 무슨 얘기를 할지, 어떤 속도로 먹을지 고민하게 됩니다. 하지만 이야기를 하면서 먹다 보면 음식을 천천히 먹게 되어 포만감 역시 금방 느낄 수 있습니다. 혼밥의 편안함도 좋지만, 때로는 사람들과 모여서 잡담을 나누며 식사 시간을 가지셨으면 좋겠습니다. 북적거리는 식사 시간을 오찬 파티라고 생각하면 한층 기분 좋게 보낼 수 있지 않을까요.

당해낼 재간이 없는 식욕 호르몬

사람은 희한하게도 채소나 나물과 같은 몸에 좋은 음식은 입에서 흥미를 별반 느끼지 못합니다. 그런데 고소한 버터의 향과 당분을 가득 함유한 맛에는 왜 그리 쉽게 유혹을 당하는 걸까요. 이런 맛과 향 앞에서는 호르몬의 지배도 잠시 피해가는 듯 무조건 이끌리게 마련이죠.

브리오슈brioche는 이스트를 넣은 빵 반죽에 버터와 달걀을 듬

장 시메옹 샤르댕, 〈브리오슈〉, 1763

뿍 넣어 만든 고소하고 달콤한 프랑스의 전통 빵입니다. 프랑스 혁명 당시, 마리 앙투아네트가 굶주림으로 성난 백성들에게 '빵이 없으면 케이크를 먹게 하라'고 한 말에 등장한 빵이기도 합니다. 프랑스에서 주로 아침 식사로 먹는 빵이지요. 정물화의 대가답게 샤르댕은 브리오슈를 너무나도 맛있어 보이게 묘사했습니다. 코끝에 고소한 버터향이 감도는 듯하고 군침도 맷히는군요.

저도 모르게 본분을 망각했군요. 사실 제가 이 그림을 소개해 드리는 목적은 경각심을 불러일으키기 위해서였어요. 빵, 과자, 아이스크림, 시중에서 판매되는 음료 등에는 액상과당과 트랜스지방이 많이 함유되어 있습니다. 액상과당과 트랜스지방은 비유하자면 스텔스기와 같습니다. 식욕조절 시스템에 포착되지 않아서 칼로리를 계속 섭취하게 만들지요. 결국 칼로리는 축적되어 비만으로 이어집니다. 시럽까지 먹음직스럽게 뿌려진 이 빵이 우리를 살찌게 만든다는 것이지요.

플랑드르 바로크 회화에서 루벤스와 함께 중요한 위치를 차지하는 야코프 요르단스Jacob Jordaens의 이 그림은 어떠신가요? 민중들이 즐거워하는 모습을 담은 〈공현절의 왕〉은 그리스도가 하나님의 아들로서 세상 사람들에게 '공식적으로 나타난 날'인 공현축일을 기념하는 축제를 그린 것입니다.

17세기 무렵, 넉넉한 가정에서는 공현절을 맞아 친구와 하인

야코프 요르단스, 〈공현절의 왕〉, 1638

들을 불러 모아 케이크에 콩 하나만 넣고 여러 조각으로 케이크를 자릅니다. 이때 콩이 들어간 케이크를 받은 사람이 '오늘의 왕'이 되어 온종일 먹고 마시고 놀이를 즐기며 일상의 시름을 달랬습니다. 요즘 말로 '왕 게임' 같은 것이지요.

그러나 겉으로 금욕적인 문화일수록 안 보이는 곳에서는 더 방만해지는 법! 이 축제의 현장에서 사람들은 폭음과 폭식을 즐기고 사회에 대한 불만을 토해내며 스트레스를 풀었습니다. 허리띠를 풀어헤치고 음식을 마구잡이로 먹어대는 폭식의 축제는 왜 생겨난 걸까요?

당시에는 냉장고가 없어 식료품의 부패를 막을 수단이 없었다고 합니다. 게다가 전쟁이 빈번했기 때문에 갑자기 전쟁에 휘말릴지도 모른다는 두려움에 시달리기도 했죠. 이렇듯 언제 굶을지 모른다는 불안감이 기저에 늘 깔려 있었던 터라, 충동적인 문화가 생겨난 것이지요. "우리한텐 내일이 없어!"라고 외치며 그날 번 돈을 탕진하는 주정뱅이처럼 말입니다.

이 작품의 원제는 〈The Bean King〉, 즉 '강낭콩 왕'입니다. 강낭콩은 초록색 콩깍지 안에 옹기종기 들어 있지요. 강낭콩 왕을 중심으로 어른이나 아이 할 것 없이 모여서 흥청거리는 모습이 꼭 강낭콩 콩깍지를 보는 듯합니다.

그들의 축제는 얼마나 오래 이어질 수 있을까요? 그들은 현실의 쓴맛을 잠시나마 잊어버리고 있습니다. 의사로서 폭식과 폭음은 안 된다고 한마디 덧붙이고 싶지만, 아무래도 그럴 수 없군요. 잔소리는 꼭 삼키고 그들의 축제가 영원하기를 바라봅니다.

식욕의 정체부터 파악하라

밤 10시만 되면 라면 생각이 간절하신가요? 식사를 방금 했는데, 괜히 간식 상자를 뒤적거린다고요? 물만 마셔도 살이 찌는 체질이라고요? 매일매일 식욕과 지방 사이에서 줄다리기를 하시는 분들의 심경을 저도 이해합니다. 《잘못은 우리 별에 있어》라는 소설이 있지요. 저도 이렇게 말하고 싶군요. "잘못은 우리 호르몬에 있어."

우리가 다이어트만 했다 하면 백전백패하는 이유는 식욕 호르몬인 그렐린 때문이에요. 위에서 분비되는 그렐린은 우리에게 '배고프니까 먹어! 먹으라고!'라고 끊임없이 이야기합니다. 이 그렐린은 밤 11시에도 분비되고, 우리가 밥을 먹은 지 얼마 안 됐을 때에도 활동을 합니다.

그렐린이 이렇게 무시무시한 녀석이라면 인류 전체가 비만이 되어야 할 텐데, 또 그렇지는 않지요? 정교한 우리의 몸에서 그렐린을 누를 수 있는 또 다른 호르몬이 나오기 때문입니다. 바로 '그만 좀 먹어!'라고 잔소리를 하는 호르몬인 렙틴입니다. 정리하면, 그렐린은 '식욕 호르몬'이고 렙틴은 '식욕 억제 호르몬'

입니다. 두 호르몬이 상호작용하면서 균형을 맞출 때 우리는 건강한 식습관을 유지할 수 있습니다. 다시 말해, 그렐린과 렙틴의 균형이 무너질 때 비로소 비만이 찾아온다는 것이지요.

먹었는데도 배 속이 허전하다면 그렐린의 영향 때문이라고 볼 수 있습니다. 식후에는 그렐린이 감소하고 렙틴이 증가하는 게 정상입니다. 그런데 어떤 음식은 식후에도 그렐린 분비를 감소시키지 않고 렙틴 분비를 늘리지도 않습니다. 그 결과, 방금 먹었는데도 금세 허기가 느껴지는 현상이 발생하지요. 반면, 렙틴이 지나치게 많이 나오면 식욕이 거의 없는 거식증이 나타나기도 합니다.

이처럼 식욕의 메커니즘은 매우 복잡합니다. 다양한 호르몬의 조합이 때로는 배고픔을, 때로는 포만감을 만들어냅니다. 저는 가까운 사람들에게 이렇게 이야기하곤 합니다. "식사食事가 생사生事다." 왜냐하면 식욕 호르몬의 불균형은 영양 불균형을 일으키고, 인슐린과 같은 다른 호르몬의 혼란을 연쇄적으로 일으키기 때문이에요. 심지어 고지혈증, 고혈압, 당뇨 등 성인병의 주요 원인인 '대사증후군'을 유발하기까지 합니다.

대사증후군은 둑에 균열이 생기는 일에 비유할 수 있습니다. 조그마한 균열들을 방치하면 어느 순간 둑이 무너지면서 쓰나미가 밀려오지요. 마찬가지로, 대사증후군을 방치하면 걷잡을 수 없는 합병증으로 이어집니다. 일상생활에서 건강한 식습관으로 영양이 풍부한 음식을 챙겨 먹는 것, 이 소소한 자기돌봄이 큰 화를 막는 최고의 방법입니다. 먹는 일이 곧 사는 일이라는 말, 틀린 말은 아니지요? '먹는 즐거움'이 아니라 '잘 먹는 즐거움'이 중요하다고 말씀드리고 싶습니다.

하루에 한 끼만 먹고 나머지 시간에 공복을 유지하는 식이요법을 '간헐적 단식'이라고 하죠. 체중 감량에 효과적이라는 이야기가 많습니다. 하지만 간헐적 단식을 하는 사람들은 대부분 한 끼를 거의 폭식하다시피 하는 경향이 있습니다. 간헐적 단식이 아니라 간헐적 폭식인 거죠. 이러한 식습관은 식욕을 조절하는 호르몬에 오히려 혼란을 주고 정신적인 스트레스만 더할 수 있어요.

또 렙틴이 처음 발견되었을 때 많은 사람들이 '드디어 비만을 없앨 수 있는 대단한 호르몬이 발견되었다!'며 흥분했습니다. 렙틴이 식욕을 억제하니 살이 찌는 걸 억제할 수 있다고 본 것이지요. 이후 고도비만 환자들을 대상으로 '렙틴 다이어트'라는 것을 시도해보았습니다. 그러나 결국 실패로 돌아갔습니다. 고도비만 상태에서는 렙틴이 제 역할을 하지 못했거든요. 몸이 렙틴에 무감각해지는 '렙틴 저항성' 때문이었습니다.

즉 그렐린과 렙틴이라는 두 호르몬이 정교한 균형을 이룰 때만 체중이 조절될 수 있습니다. 렙틴만 투여해서 인위적으로 조절할 수 있는 게 아니지요. 실제로 체지방지수(BMI)가 30을 넘는 고도비만의 환자 10명을 대상으로 실험을 진행한 적이 있습니다. 이들에게 하루 세 끼를 먹고 싶은 음식으로 꼬박꼬박 챙겨 먹도록 했습니다. 단 간식과 야식은 삼가도록 했고, 액상과당 음료나 트랜스지방이 많은 인스턴트식품도 금했습니다. 특별히 운동을 주문한 것도 아니었고요.

이 실험은 2주 동안 진행되었습니다. 결론을 말씀드리면, 평소 불균형했던 식욕 호르몬이 정상 균형을 되찾으면서 몸의 변화가 찾아왔습니다. 체지방이 줄었고, 이 때문에 지방산과 혈당이 줄면서 혈관 건강이 좋아졌습니다. 단지 하루 세 끼를 규칙적으로 먹게 한 게 전부인데 말이지요. 이처럼 비만에서 벗어나기 위해서는 그렐린이 음식을 충동질하지 않도록 순화하고, 렙틴이 식욕을 잘 억제할 수 있도록 기능을 높여주어야 합니다. 그럼 식욕 호르몬의 균형을 되찾아주는 십계명을 소개해드리겠습니다.

| 그렐린-렙틴 균형을 위한 십계명 |

① 아침을 거르지 않기

그렐린은 공복에 분비되어 음식을 요구합니다. 이때 아침 식사를 생략하면 제 몫을 못했다는 피드백을 받은 그렐린이 분비량을 줄이게 됩니다. 줄어든 그렐린은 식욕을 일시적으로 줄일 순 있지만 결국에는 폭식 본능만 강화하게 되죠.

② 세 끼를 규칙적으로 먹기

일정한 시각에 일정한 시간 동안 규칙적으로 식사를 하면 그렐린과 렙틴의 생체리듬이 최적화됩니다.

③ 음식을 꼭꼭 씹어 먹으며 20분 이상 식사하기

식사 시간이 20분은 지나야 렙틴이 제대로 활동할 수 있습니다. 렙틴이 분비되어 충분히 활동할 수 있도록 오래 씹으면서 천천히 먹어야 합니다. 같은 양을 먹더라도 렙틴을 만족시켜야 다음 식사에서 반동적으로 과식하는 습관을 피할 수 있습니다.

④ 물을 2리터 이상 마시기

물은 그렐린의 활동을 잠재우는 데 효과적입니다. 하루에 2리터 이상 물을 마시면 식탐 해소에 큰 도움이 됩니다.

⑤ 칼로리는 낮고 섬유질은 많은 음식을 섭취하기

섬유질이 많은 음식은 적은 칼로리에도 포만감을 채워주고 미각의 만족감을 지연시키는 역할을 합니다.

⑥ 웃음, 칭찬, 선행, 운동, 명상 등의 활동하기

이러한 활동들은 보조 식욕억제제 역할을 하는 세로토닌이나 도파민의 분비를 촉진하며 렙틴의 기능도 향상해준답니다.

⑦ 힘들지 않을 정도로 운동하기

지나친 운동은 그렐린 충동성을 오히려 강화하지요. 약간 땀이 나거나 숨이 차는 수준으로 운동하는 것이 가장 이상적입니다.

⑧ 배고플 때는 조금이라도 먹기

배가 고프다고 무조건 참으면 오히려 반동 폭식을 불러일으킬 수 있습니다. 배고픔과 불행, 배고픔과 슬픔이 결합할 때 그렐린이 가장 광폭해집니다.

⑨ 야근이나 밤샘 근무를 삼가하기

질 나쁜 수면, 충분하지 않은 수면은 그렐린 분비를 촉진합니다.

⑩ 즐거운 마음으로 식사하기

스트레스는 그렐린 폭발의 주범입니다. 식사를 할 때만이라도 걱정과 고민을 내려놓고 즐거운 마음으로 먹도록 합니다.

안토니오 델 폴라이올로, 〈헤라클레스와 히드라〉, 1475

영웅 헤라클레스도 근손실이 걱정이었을까

**근육 호르몬,
마이오카인**

운동이나 신체활동 시 근육에서 발현되거나 합성되는
물질로, 혈관으로 이동하어 염증이나 지방을 분해하는
역할을 한다.

불가능을 가능케 하는 힘

헤라클레스는 제우스가 유부녀인 미케네 왕국의 공주 알크메네를 탐하여 하룻밤을 지내고 태어난 아들입니다. 제우스는 아기였던 헤라클레스를 아내인 헤라 여신이 잠든 사이에 몰래 헤라의 젖을 물리지요. 헤라의 젖을 먹으면 신처럼 영원한 생명을 얻을 수 있기 때문입니다. 제우스는 제 아들을 불사신으로 만들고 싶었던 겁니다.

그런데 헤라클레스가 젖을 어찌나 세게 빨았던지, 헤라는 비명을 지르며 잠에서 깨어나서 갓난아기였던 헤라클레스를 밀칩니다. 그 순간 젖꼭지에서 모유가 뿜어져 나와 하늘을 수놓으며 은하수가 되었고, 땅에 떨어진 것은 백합이 되었다고 합니다. 그래서 은하수를 '밀키웨이milky way'라고 부르게 된 것이죠. 제우스는 그 아들의 이름을 '헤라의 영광'이라는 뜻에서 헤라클레스라고 지었습니다.

날 때부터 헤라에게 미운털이 박힌 헤라클레스는 헤라에게 열두 개의 과업을 부여받습니다. 〈헤라클레스와 히드라〉는 그중 하나인 독사 히드라를 사냥하는 장면을 담고 있습니다. 히드라는 신조차 두려워하는 독을 가지고 있었을 뿐만 아니라 목을 한 개 자르면 두 개로 재생되는 능력을 갖추고 있었다고 합니다. 헤라클레스는 기지를 발휘해서 목이 잘린 자리를 불로 지져서 목이 다시 자라나지 못하게 막았고, 끝내 모든 목을 잘라내어 히드라를 퇴치했죠. 이후 히드라의 독을 묻힌 독화살은 헤라클레스의 상징이 되지요.

열두 개의 과업을 무사히 마친 헤라클레스는 그야말로 최고의 영웅으로 칭송을 받습니다. 오늘날에도 '헤라클레스'는 힘의 대명사로 쓰이지요. 그림을 보기만 해도 강력한 힘이 전해져오는 듯합니다. 이처럼 불가능한 일을 가능케 하는 힘은 어디에서 오는 것일까요? 최근에 발견된 호르몬이기 때문에 아직 생소한 이름일 텐데요, 근육 호르몬 마이오카인입니다.

근육에서 만들어지는 호르몬인 마이오카인은 우리가 운동을 할 때 분비됩니다. 마이오카인은 세포조직을 활성화하여 피부를 젊고 건강하게 만들어주죠. 나이가 들어도 강인함을 유지하는 원동력이 마이오카인에 있다고 볼 수 있습니다.

그리스로마신화에 나오는 아틀라스는 신과 전쟁을 벌인 티탄족의 선봉장이었습니다. 치열한 전쟁 끝에 결국 패배한 아틀라스는 제우스에게 벌을 받습니다. 그 벌은 세상의 서쪽 끝으로 가서 어깨 위에 하늘을 영원히 떠받치는 것이었지요. 설화는 지금도 아틀라스의 어깨가 하늘을 메고 있다고 이야기합니다. 아틀라스가 너무 힘들어서 오른쪽 어깨에 메고 있던 하늘을 왼쪽 어깨로 옮겨 멜 때 지구가 한바탕 요동을 치는데, 이것이 바로 지진이라고 합니다. 재밌는 상상력이지요?

존 싱어 사전트, 〈아틀라스와 헤스페리데스〉, 1925

지구를 어깨 위에 메고 있으려면 목뼈가 튼튼해야 합니다. 재미있게도 목뼈 중에서 머리를 받쳐주는 맨 위쪽의 강한 뼈를 '아틀라스 뼈'라고 합니다. 머리는 우리 몸에서 가장 중요하고, 또 생각보다 무겁습니다. 대략 4~7킬로그램 정도인데, 볼링공 6킬로그램짜리를 계속 들고 있다고 생각해보세요. 그것을 단단하게 지탱해야 하는 경추의 첫 번째 뼈는 당연히 아틀라스처럼 강인해야 할 겁니다.

아틀라스는 하늘이 무너져내리지 않게 지탱하는 강인하고 거대한 힘입니다. 하늘을 떠받치는 역할을 아틀라스가 한다면, 우리 몸을 지탱하는 역할은 근육이 맡고 있는 거지요. 아틀라스가 힘들 때 지진이 발생하듯, 근육이 제 역할을 못할 때 몸은 큰 혼란을 겪게 됩니다. 근육 호르몬인 마이오카인이 중요한 이유이지요.

20세기에 포착된 슈퍼맨

조형물 중에서도 역동적인 근육의 힘을 강조한 작품을 많이 찾아볼 수 있습니다. 이탈리아 출신의 조각가이자 화가인 움베르토 보초니Umberto Boccioni는 일반적으로 사용되던 대리석 조각을 거부하고, 다양한 재료로 작업하여 조각 예술사에 큰 업적을 남겼습니다.

움베르토 보초니는 미래주의를 대표하는 예술가입니다. 미래주의는 20세기의 눈부신 발전을 이룩하던 과학기술을 예찬하고 그 동적인 힘과 기술력, 속도감을 강조하는 미술사조입니다. 그 선두에 서 있던 보초니는 분열된 이미지, 강렬한 색채, 현대적인 삶을 뒤섞은 인상적인 작품을 여럿 남겼지요. 미래파 문학 운동

움베르토 보초니, 〈공간에서의 독특한 형태의 연속성〉, 1913

의 기수인 시인 마리네티의 영향을 많이 받은 것으로 알려져 있습니다.

물체와 공간의 상호관련성을 추구하던 보초니는 사진 속 작품처럼 신체 내부에서의 움직임과 기계의 혼합체 같은 에너지를 탁월하게 표현하였습니다. 뭐랄까, 인간의 고정된 윤곽선을 무시한, 더욱 팽창되고 역동적인 힘이 느껴지지 않나요?

보초니의 대표 작품인 〈공간에서의 독특한 형태의 연속성〉은 빠르게 걷고 있는 인물을 표현한 조각상입니다. 가슴과 무릎, 골반 주위에 자리한 뾰족한 모서리들은 끊임없이 전진하는 동작을 원활히 만들기 위해 공기를 가로지르는 기능을 하는 듯 보입니다. 팽팽하게 긴장된 대퇴사두근과 종아리는 온몸을 휩싸고 있는 에너지에 의해 활력이 불어넣어진 한 쌍의 날개로 변하였고요. 한자의 힘 력力 자가 연상되지 않나요?

언뜻 보면 평범한 주제지만 보초니의 관심은 인물의 사실적인 모습이 아니라 '역동성'과 '근육의 작용'에 있었습니다. 힘차게 전진하는 인물의 움직임을 나타내는 데 있어, 신체 내부에서 발사하는 힘으로 인해 이동하기 직전과 직후의 동작의 연속성이 주변의 공간과 환경 속으로 침투해나가는 모습을 전달하려 했던 거죠.

인간, 기계, 그리고 에너지가 혼합된 이 조각상은 당시 미래주의 예술가들이 꿈꾸었던 '미래의 인류'를 보여줍니다. 지금으로 치면 슈퍼맨이라고 할까요? 현재 이 작품은 이탈리아의 20유로 센트 주화에 새겨져 있습니다. 보초니의 머릿속에서 저 불꽃같은 슈퍼맨은 어디를 향해 달려가고 있을까요? 얼마나 먼 미래에 가 있을까요? 왠지 모르게 어디론가 뛰쳐나가고 싶다는 충동을 일게 만드는 작품입니다.

근육은 외모가 아닌 생명의 문제

장 오귀스트 도미니크 앵그르Jean Auguste Dominique Ingres는 19세기 프랑스 신고전주의를 대표하는 화가입니다. 앵그르는 스승이었던 자크 루이 다비드의 고전주의 형식을 따르는 한편, 특유의 우아하고 감성적인 느낌을 화폭에 담아내며 독자적인 작품세계를 구축하기도 했지요. 그뿐만 아니라 음악과 미술에 조예가 깊어 툴루즈 카피톨 국립 오케스트라에서 제2바이올린으로 활동했을 만큼 악기 연주 실력도 탁월했다 합니다.

1801년에 트로이전쟁에 얽힌 이야기를 그린 〈아가멤논이 보낸 사절단〉이라는 작품을 출품하여 로마상을 수상하게 됩니다. 이 그림 속에는 모두 근육이 잘 발달된 건장한 남성들로 가득하지만 딱 한 사람은 예외군요. 오른쪽에서 두 번째 남자가 몹시 힘들어 보입니다. 다른 사람에 비해 왜소한 데다 근육량은 부족하고 어딘가 피곤해 보입니다. 그 옆에 서 있는 맨 오른쪽 남자를

장 오귀스트 도미니크 앵그르, 〈아가멤논이 보낸 사절단〉, 1801

보십시오. 그림 속에 담긴 남성들 중 가장 근육이 발달하고 건강해 보이네요. 특히 광배근과 대퇴사두근이 유난히 두드러져 보입니다.

요즘 근육을 키우는 데 초점을 맞추는 근력운동이 인기를 끌고 있습니다. 육체미가 물씬 묻어나오는 사진 한 장을 찍기 위해서 철저하게 식단 관리를 하시는 분들도 많고요. 그러면서 '근손실'이라는 말도 유행하기 시작했습니다. 근육량이 줄어드는 것을 뜻하는 말인데, 과장되게 표현해서 "몸이 다치면 아픈 것보다 근손실이 걱정이다"라고 이야기들 하더군요. 실제로 한 논문에 따르면 5일만 가만히 있어도 근육량이 감소한다고 합니다. 달리 말하면 5일에 하루만 운동을 해도 근육량이 빠지지 않는다는 뜻이지요.

사람들은 근력운동을 할 때 흔히 '몸을 만든다'라고 이야기합니다. 외적인 측면에 관심을 두고 운동을 한다는 걸 함축하는 말입니다. 일상생활을 하는 데 우락부락한 근육이 필요하지는 않으니 말이에요. 그렇지만 저는 근육이 있고 없고가 건강의 유무를 가르는 기준 가운데 하나라고 생각합니다. 그만큼 최근 연구에서 근육에서 분비되는 마이오카인의 중요성이 대두되고 있거든요. 근력운동은 몸을 만드는 행동일 뿐만 아니라 '건강을 만드는 행동'이기도 한 것입니다.

근육과 지방에서 방출되는 호르몬

비슷한 기능을 하는 장기를 묶어서 '기관'이라고 부르는데요. 호흡기, 소화기, 심장순환기 등이 기관에 속합니다. 내분비기관은 그런 기관들을 연결하는 호르몬을 분비하는 기관이지요. 호르몬을 분비하는 장기라면 모두 내분비기관이라고 이야기할 수 있습니다. 과거에는 내분비기관이 정해져 있어 뇌하수체, 갑상선, 췌장, 부신 정도를 내분비기관이라 일컬었습니다. 그런데 최근에는 근육이나 지방도 내분비기관에 포함되었습니다. 근육에서는 마이오카인이, 지방에서 아디포사이토카인이 분비되기 때문이에요.

먼저 마이오카인의 기능을 살펴볼까요? 마이오카인은 근력의 기능을 보호하고 운동능력을 향상하는 역할을 합니다. 또한 에너지 대사, 체중 조절, 인지기능 향상, 혈압과 혈당 관리 등에도 관여합니다. 마이오카인의 일종인 '아이리신irisin'은 특히 혈관을 타고 지방 조직으로 이동해서 백색지방을 갈색지방으로 바꾸는 역할을 한다고 합니다.

그럼 이제 자연스럽게 지방에 대한 설명으로 넘어가보죠. 지방은 크게 백색지방, 갈색지방, 베이지색지방으로 나뉩니다. 백색지방은 축적된 에너지를 중성지방으로 바꾸는 역할을 합니다. 쉽게 말해서 살이 찌게 만듭니다. 반대로, 갈색지방은 저장된 에너지를 열로 방출하게 합니다. 그래서 갈색지방은 흔히 착한 지방이라고 부르죠.

이 두 지방은 들어본 적이 있지만, 베이지색지방은 모르는 분들이 많을 겁니다. 베이지색지방은 백색지방 조직 안에서 발견된 지방인데, 갈색지방과 유사한 역할을 하는 것으로 밝혀졌습니다. 말하자면, 베이지색지방과 갈색지방이 많을수록 살이 찌지 않고 건강하다는 것이지요.

앞서 지방에서 아디포사이토카인이라는 호르몬이 방출된다고 했지요. 아디포사이토카인이 무작정 나쁜 호르몬은 아닙니다. 정상 체중일 때는 아디포사이토카인 중에서 염증을 억제하는 아디포넥틴이 방출됩니다. 그런데 비만이 되면 염증을 늘리는 나쁜 호르몬들이 방출되지요. 염증을 일으키는 아디포사이토카인은 당뇨, 고혈압, 동맥경화 등을 일으키는 원인이 됩니다.

그러니까 지방을 태우는 갈색지방과 베이지색지방이 많아져야 하겠지요? 백색지방은 사라지지 않고 쌓이기만 하니 말입니다. 이때 마이오카인이 백색지방을 갈색지방과 베이지색지방으로 바꿔주는 역할을 합니다. 이 때문에 마이오카인의 중요성이 더더욱 각광을 받고 있는 것이지요.

비만인에게도, 암 환자에게도, 여러 대사증후군을 앓는 환자에게도, 각자 수준에 맞는 근력운동을 권하는 이유가 바로 이 때문입니다. 좋은 근육 호르몬이 우리 몸에 미치는 긍정적인 영향은 너무나도 많거든요.

보통 피로는 숙면을 몇 시간 취하면 회복됩니다. 그런데 아무리 자도 피로감이 가시지 않거나 숙면하지 못해서 잦은 두통에 시달린다면 만성피로일 가능성이 높습니다. 만성피로는 다양한 원인으로 인해 생겨나지만 이를 해소하는 방법은 간단명료하지요. 규칙적으로 먹고 규칙적으로 자고 규칙적으로 운동하는 것입니다.

많은 사람들이 운동의 중요성은 간과합니다. 피로할 때 운동을 하면 더 피로해진다고 생각하기도 하고요. 하지만 운동을 할 때 근육에서 나오는 마이오카인은 체내 염증을 줄이는 효과가 있습니다. 염증이 덜 생기면 몸이 염증과 싸우는 데 에너지를 쏠 필요가 없기 때문에 피로감도 줄어들 수 있죠.

마이오카인이라는 전령이 혈관을 돌아다니며 염증과 지방을 없애게 만들려면 어떻게 해야 할까요? 당연하게도 근육량을 늘려야 합니다. 일주일에 3회 이상, 하루에 30분 정도 걷는 게 가장 좋다고 하지만, 현재 체력에 맞게 운동량을 정하고 점차 운동 강도를 높이는 게 좋습니다. 건강보조제를 챙겨 먹듯이 근력운동과 유산소운동을 규칙적으로 병행해주세요.

| 근육을 만드는 5대 영양소 +1 |

① 단백질

단백질은 근육과 같은 신체조직을 구성하고, 효소, 항체 등을 만드는 데 필수적인 재료입니다. 특히 단백질에 들어 있는 필수아미노산은 우리 몸에서 스스로 만들어낼 수 없기 때문에 식품을 통해서 섭취해주어야 합니다. 필수아미노산은 식물성 단백질보다는 동물성 단백질에 더 많이 들어 있으므로 고기, 생선, 달걀 등을 섭취하면 좋습니다.

② 당질(탄수화물)

당질은 인체에 에너지를 공급해주는 에너지원입니다. 당질이 부족하면 지방이나 단백질이 분해되면서 근육량과 근력이 줄고 뼈 건강이 나빠질 수 있습니다. 체중을 감량한다면서 당질을 아예 먹지 않는 분들이 많은데, 극단적인 당질 제한은 오히려 근육 건강을 해치므로 삼가야 합니다.

③ 지질(지방)

지질 또한 인체에 에너지를 공급해주는 기능을 합니다. 살이 찐 사람은 근육도 더 쉽게 붙는 데서 알 수 있듯 지질은 근육세포의 필수성분입니다. 특히 생선에 들어 있는 지질이나 식물성 지질은 몸에 이롭지요. 등푸른생선, 콩제품, 들기름 등을 통해 지질 섭취를 높이면 좋겠죠. 그러나 과도하게 섭취하게 되면 내장지방으로 축적될 수 있으니 양질의 지방을 적당량 섭취해주는 게 가장 좋습니다.

④ 비타민

비타민은 우리 몸의 생리현상을 조절하지요. 근육 생성에 효과적인 비타민은 비타민B1, 비타민B2, 비타민B6, 비타민D입니다.

⑤ 미네랄

미네랄은 근육 생성과 생리 기능을 조절하는 역할을 합니다. 미네랄 중에 칼륨과 마그네슘은 근육 기능에 큰 영향을 미치기 때문에 따로 섭취해주는 게 좋습니다.

⑥ 물

물은 체내에서 화학 반응이 일어나게 하는 역할을 하며 근육에 필요한 영양소를 운반하고 노폐물을 배출하도록 도와줍니다. 근육세포의 산성도를 조절하여 잘 유지되도록 만드는데, 특히 운동 시에는 물을 충분히 마셔서 근육세포가 유지되고 근육이 원활하게 활동할 수 있도록 도움을 줘야 합니다.

호르몬의 시선으로 그림 읽기

호르몬의 어원은 그리스어 '호르마오hormao'입니다. '불러 깨운다', '자극하다'라는 뜻을 가진 단어입니다. 말 그대로, 호르몬은 우리 몸을 자극하고 불러 깨웁니다. 이제까지 살펴보았듯이, 기쁨과 슬픔을 좌우하고, 사랑과 욕망을 이끌고, 건강과 생식을 조절합니다. 호르몬은 우리 삶을 변화시키는 보이지 않는 힘이자 생로병사의 비밀입니다.

미술관 마지막 방에 전시된 작품은 미켈란젤로의 〈천지창조〉입니다.(302~303쪽) 바티칸의 시스타나 성당 천장에 그려져 있는 작품으로, 구약성경의 《창세기》에 등장하는 9개의 중요한 장면 가운데 하나를 형상화하고 있습니다. 신이 막 빚어낸 아담에게 생명을 불어넣으려고 손을 뻗는 장면입니다. 반쯤 누워 있는 아담은 우러러보는 듯한 시선으로 신을 응시하고, 신은 자애로운 눈빛으로 아담을 내려다보고 있습니다. 신과 아담의 손끝은 닿을 듯이 아슬아슬하게 떨어져 있습니다.

이 그림 속에는 비밀이 숨겨져 있습니다. 신을 감싸고 있는 불그스름한 천의 형태는 우리 두뇌의 모습과 놀라우리만치 흡사합니다. 특히 흩날리는 녹색 천 주변에 무릎을 뾰족하게 세우고 있는 천사가 있는데, 이 무릎 부분은 뇌하수체가 위치하는 곳과 일치하죠. 앞서 이야기했듯, 뇌하수체는 우리 몸의 호르몬을 총괄하는 관제탑입니다.

우리 몸의 신경은 서로 조금씩 떨어져 있습니다. 신경과 신경 사이의 틈을 '시냅스'라고 하죠. 시냅스를 통해 신경전달물질이 오가며 우리 몸을 움직이게 만듭니다. 저는 〈천지창조〉에서 아담의 손끝과 신의 손끝이 살짝 떨어져 있는 것이 이를 형상화한다고 생각합니다. 즉, 신이 손끝을 맞붙이려고 하는 게 아니라 딱 그만큼의 거리를 둔 채 아담에게 무언가를 전달하고 있다는 거죠. 그 무언가는 호르몬이 아닐까 하고 생각합니다. 신이 호르몬을 전달하여 아담의 몸을 불러 깨우고 있다고요.

호르몬은 아직도 미지의 영역에 있습니다. 지금 이 순간에도 지방 호르몬, 소장 호르몬, 근육 호르몬 등 우리 몸을 구성하는 새로운 호르몬들이 발견되고 있습니다. 기존의 호르몬에 대한

미켈란젤로, 〈천지창조〉, 1512

이해가 완전히 달라지기도 합니다. 호르몬 의사인 저 역시 끊임없이 새로운 정보를 공부해야 합니다. 호르몬의 무궁무진한 가능성을 생각하면, 인간이 호르몬에 대해 아는 것은 거의 없다고 이야기해도 과언이 아닐 겁니다.

그러나 수십 년 동안 호르몬에 매진한 제가 단언할 수 있는 한 가지가 있습니다. 어느 호르몬이 중요한 것이 아니라 여러 호르몬의 균형이 중요하다는 사실입니다. 우리 건강을 완벽하게 책임지는 만능열쇠 같은 호르몬은 없습니다. 개개의 호르몬이 오케스트라처럼 조화를 이루어야 하죠. 이 때문에 호르몬 요법은 '부족한 호르몬을 인위적으로 보충하여 반드시 관리해주어야 할 필요성이 있는 경우에만 실시한다'는 원칙이 있습니다. 즉, 정상 수준에서 미달된 호르몬을 정상 수준으로 보완하는 것을 목적으로 한다는 거죠. 이러한 원칙에서 벗어나 과다하게 호르몬을 투여한다면, 반대로 건강을 해칠 수 있습니다.

평소에 식이요법과 생활 습관을 관리해주기만 해도 호르몬 균형은 잘 유지될 수 있습니다. 단, 어떤 행동이 호르몬에 주는 영향에 관심을 가져야겠죠. 이를테면 과식이 비만을 일으킨다는 건 잘 알려진 사실입니다. 과식이 스트레스 호르몬 분비를 촉진하기 때문에 비만으로 이어진다는 건 잘 모르죠. 패스트푸드가 건강에 나쁘다는 건 많이들 알고 있습니다. 하지만 그 안에 든 액상과당이나 트랜스지방이 식욕 호르몬 시스템에 감지되지 않아 식욕을 억제할 수 없기 때문이라는 건 모릅니다. 식이요법과 생활 습관이 각각의 호르몬에 미치는 영향을 이해할 때, 우리는 호르몬 불균형을 해결하고 건강한 삶으로 나아갈 수 있습니다.

호르몬 미술관에서 나가기 전에 여러분에게 실천했으면 하는 6가지 건강 원칙을 알려드리겠습니다. 호르몬 균형을 잡아주는 호르몬 6계명입니다.

① 식사를 규칙적으로 일정하게 하라!

규칙적인 식사 시간을 정해서 매끼 적당한 양의 식사를 섭취하세요. 과식은 금물입니다.

② 균형 잡힌 식단을 구성하라!

5대 영양소를 충족해주는 식단을 구성하고, 인스턴트식품이나 패스트푸드 등 호르몬을 교란하는 식품은 최대한 지양하세요.

③ 규칙적으로 운동하라!

하루 30분씩, 일주일에 5회 이상 운동하세요. 유산소운동은 성장호르몬 분비를 촉진하고, 근력운동은 근육 호르몬 분비를 늘립니다.

④ 숙면을 취하라!

늦어도 밤 11시 전에 취침해야 합니다. 충분한 수면시간이 멜라토닌 분비와 성장호르몬 분비를 일정하게 만들어줍니다.

⑤ 자신만의 스트레스 관리법을 만들어라!

근육을 이완하고 스트레스를 풀어주는 명상이나 반신욕은 좋은 습관입니다. 음악, 미술을 즐기면서 세로토닌과 엔도르핀의 분비를 촉진하는 것도 좋습니다. 음주, 흡연, 커피, 카페인 음료 등을 섭취하는 건 일시적으로 스트레스를 완화하는 듯하지만, 스트레스 호르몬 분비로 이어질 수 있기 때문에 최대한 삼가는 게 좋습니다.

⑥ 호르몬 균형에 영향을 주는 약물을 조심하라!

여성호르몬, 남성호르몬, 스테로이드 호르몬 등을 장기 복용하게 되면 호르몬 균형이 깨질 수 있습니다. 무심코 복용하는 약물의 성분을 살피고 호르몬에 악영향을 줄 수 있는 약물을 경계하세요.

책을 읽다가 문득 몸의 이상함을 느꼈다면 두려워하지 말고 진료실을 찾아주세요. 이 책이 여러분의 몸과 마음이 건강해지는 계기가 되기를 바랍니다. 한 가지 덧붙이고 싶은 말이 있습니다. 호르몬의 불균형은 나이가 들어감에 따라 자연스럽게 발생하는 일이기도 합니다. 여기서 소개하는 호르몬 요법은 그 과정을 늦추고 호르몬 건강을 부드럽게 연장해주는 방법이라고 이해하면 좋겠습니다.

이제까지 눈에 보이지 않는 호르몬을 아름다운 명화로 드러내어 함께 감상했습니다. 앞으로는 우리 몸에서 움직이고 때로는 뛰어다니는 호르몬의 움직임을 조금이나마 선명하게 그려볼 수 있기를 희망합니다. 호르몬은 여러분에게 손을 내밀었습니다. 이제 여러분이 호르몬을 향해 손을 내밀 차례입니다.

안철우

제1관 기쁨

첫 번째 방

- 구스타프 클림트, 〈키스〉, 1908, 캔버스에 유채·도금, 180×180cm, 오스트리아 벨베데레 궁전
- 구스타프 클림트, 〈에밀리 플뢰게〉, 1902, 캔버스에 유채, 181×84cm, 오스트리아 빈 시립박물관
- 에드바르 뭉크, 〈키스〉, 1897, 캔버스에 유채, 99×81cm, 노르웨이 뭉크 미술관
- 콘스탄틴 브랑쿠시, 〈입맞춤〉, 1907, 석고, 28×26×21.5cm, 루마니아 크라이오바 미술관
- 구스타프 클림트, 〈기다림〉〈생명의 나무〉〈성취〉, 1905~1911, 194.5×120.3cm, 템페라와 수채, 오스트리아 응용미술관
- 프란스 할스, 〈이삭 마마 부부의 초상〉, 1622, 캔버스에 유채, 140×166.5cm, 네덜란드 레이크스 미술관

두 번째 방

- 미켈란젤로, 〈피에타〉, 1499, 대리석, 174×195cm, 이탈리아 성 베드로 대성당
- 메리 카사트, 〈아기의 첫 손길〉, 1891, 캔버스에 파스텔, 74.3×59cm, 영국 뉴 브리턴 미국미술 박물관
- 바실리 칸딘스키, 〈서로의 조화〉, 1942, 캔버스에 유채, 114×146cm, 개인 소장
- 앙리 마티스, 〈마음〉, 1947, 스텐실 그림, 42×65.5cm, 미국 뉴욕 현대미술관

세 번째 방

- 조르주 피에르 쇠라, 〈그랑드 자트 섬의 일요일 오후〉, 1886, 캔버스에 유채, 208×308cm, 미국 시카고 미술관
- 앙리 마티스, 〈폴리네시아 하늘〉, 1946, 캔버스에 과슈·직물, 196×312cm, 파리 시립 현대미술관
- 앙리 마티스, 〈폴리네시아 바다〉, 1946, 캔버스에 과슈·직물, 200×314cm, 파리 시립 현대미술관

- 바실리 칸딘스키, 〈색채 연구: 동심원들과 정사각형들〉, 1913, 캔버스에 수채 · 과슈 · 크레용, 23.9×31.6cm, 독일 렌바흐하우스 미술관

네 번째 방
- 그랜트 우드, 〈아메리칸 고딕〉, 1930, 캔버스에 유채, 74×62cm, 영국왕립미술원
- 조반니 볼디니, 〈샤를 막스 부인의 초상〉, 1896, 캔버스에 유채, 205×100cm, 프랑스 오르세 미술관
- 레오나르도 다 빈치, 〈모나리자〉, 1503, 캔버스에 유채, 77×53cm, 프랑스 루브르 박물관
- 클로드 모네, 〈생 라자르 역, 기차의 도착〉, 1877, 캔버스에 유채, 75.5×104cm, 프랑스 오르세 미술관

제2관 분노
다섯 번째 방
- 에드바르 뭉크, 〈절규〉, 1893, 캔버스에 유채 · 파스텔 · 크레용, 73.5×91cm, 노르웨이 오슬로 국립미술관
- 조르주 드 라 투르, 〈다이아몬드 에이스를 든 사기꾼〉, 1635, 캔버스에 유채, 106×146cm, 프랑스 루브르 박물관
- 빈센트 반 고흐, 〈해바라기〉, 1888, 캔버스에 유채, 95×73cm, 네덜란드 반 고흐 미술관
- 페테르 클라스, 〈바니타스 정물화〉, 1625, 캔버스에 유채, 29.5×34.5cm, 네덜란드 프란스 할스 미술관
- 디에고 리베라, 〈꽃 노점상〉, 1942, 캔버스에 유채, 152×120cm, 미국 샌프란시스코 미술관

여섯 번째 방
- 빈센트 반 고흐, 〈담배 피는 해골〉, 1885, 캔버스에 유채, 30×25cm, 네덜란드 반 고흐 미술관
- 파블로 피카소, 〈게르니카〉, 1937, 캔버스에 유채, 349×777cm, 프랑스 국립 소피아 왕비 예술센터
- 살바도르 달리, 〈삶은 콩으로 만든 부드러운 구조물(내란의 예감)〉, 1936, 캔버스에

유채, 99×100cm, 미국 필라델피아 미술관
- 라파엘로 산치오, 〈교황 율리오 2세의 초상〉, 1512, 캔버스에 유채, 108×81cm, 영국 내셔널갤러리
- 마르크 샤갈, 〈나와 마을〉, 1911, 캔버스에 유채, 192×151cm, 미국 뉴욕 현대미술관

일곱 번째 방
- 프란스 할스, 〈즐거운 술꾼〉, 캔버스에 유채, 1630, 82×66cm, 네덜란드 암스테르담 국립미술관
- 가쓰시카 호쿠사이, 〈후지산 정상 아래의 뇌우〉, 1832, 우키요에 목판 인쇄, 25.9×38.1cm, 일본 시마네 현립미술관
- 월터 크레인, 〈넵튠의 말들〉, 1910, 캔버스에 유채, 41.3×29.1cm, 독일 노이어 피나코테크 미술관
- 클로드 모네, 〈푸르빌의 일몰〉, 1882, 캔버스에 유채, 54×73.5cm, 개인 소장

제3관 슬픔
여덟 번째 방
- 프레더릭 레이턴, 〈타오르는 6월〉, 1895, 캔버스에 유채, 120.6×120.6cm, 푸에르토리코 폰세 미술관
- 천경자, 〈내 슬픈 전설의 22페이지〉, 1978, 종이에 채색, 43.5×36cm, 서울시립미술관
- 에드워드 호퍼, 〈밤을 지새우는 사람들〉, 1942, 캔버스에 유채, 84×152cm, 미국 시카고 아트 인스티튜트

아홉 번째 방
- 미켈란젤로, 〈다비드상〉, 1504, 대리석, 199×517cm, 이탈리아 아카데미아 미술관
- 미켈란젤로 카라바조, 〈골리앗의 머리를 든 다윗〉, 1610, 캔버스에 유채, 100×200cm, 이탈리아 보르게세 미술관
- 루카스 크라나흐, 〈젊음의 샘〉, 1546, 캔버스에 유채, 186.1×120.6cm, 독일 베르그루엔 미술관
- 주세페 아르침볼도, 〈봄〉〈여름〉〈가을〉〈겨울〉, 1573, 캔버스에 유채, 76×63cm,

프랑스 루브르 박물관
- 폴 고갱, 〈우리는 어디서 왔고, 우리는 무엇이며, 우리는 어디로 가는가〉, 1897, 캔버스에 유채, 139.1×374.6cm, 미국 보스턴 미술관

열 번째 방
- 프리다 칼로, 〈테후아나 여인으로서의 자화상〉, 1943, 목판에 유채, 76×61cm, 멕시코 자크 앤 나타샤 겔만 컬렉션
- 프리다 칼로, 〈부서진 기둥〉, 1944, 목판에 유채, 40×30.7cm, 멕시코 돌로레스 올메도 컬렉션
- 빈센트 반 고흐, 〈꽃 피는 아몬드나무〉, 1890, 캔버스에 유채, 74×92cm, 네덜란드 반 고흐 미술관
- 이반 시시킨, 〈북쪽〉, 1891, 캔버스에 유채, 161×118cm, 우크라이나 국립미술관
- 존 에버렛 밀레이, 〈오필리아〉, 1852, 캔버스에 유채, 76×112cm, 영국 테이트 브리튼 갤러리

열한 번째 방
- 프랑수아 부셰, 〈에로스의 잠〉, 18C, 캔버스에 유채, 72×86cm, 프랑스 루브르 박물관
- 오귀스트 르누아르, 〈목욕하는 여인들〉, 1887, 캔버스에 유채, 117.8×170.8cm, 미국 필라델피아 미술관
- 오귀스트 르누아르, 〈목욕하는 여인들〉, 1919, 캔버스에 유채, 110×160cm, 프랑스 오르세 미술관
- 작가 미상, 〈빌렌도르프의 비너스〉, BC 24000~BC 22000, 석회암, 오스트리아 빈 자연사 박물관
- 아메데오 모딜리아니, 〈소녀의 초상(잔 에뷔테른)〉, 1919, 캔버스에 유채, 56×38cm, 개인 소장

제4관 즐거움
열두 번째 방
- 단테 가브리엘 로세티, 〈페르세포네〉, 1874, 캔버스에 유채, 125.1×61cm, 영국 테이트 브리튼 갤러리

- 조반니 볼디니, 〈로베르 드 몽테스키외 백작의 초상〉, 1897, 캔버스에 유채, 155×82.5cm, 프랑스 오르세 미술관
- 작가 미상, 〈페르세포네와 하데스〉, BC 440~ BC 430, 도기, 영국 브리티시 미술관

열세 번째 방
- 오귀스트 르누아르, 〈뱃놀이 일행의 오찬〉, 1881, 캔버스에 유채, 130×173cm, 미국 필립스 컬렉션
- 요한 빌헬름 바우어, 〈딸을 파는 에리직톤〉, 1641, 종이에 에칭, 영국 브리티시 미술관
- 르네 마그리트, 〈마술사(네 팔의 자화상)〉, 1952, 캔버스에 유채, 34×45cm, 개인 소장
- 장 시메옹 샤르댕, 〈브리오슈〉, 1763, 캔버스에 유채, 65.1×81cm, 프랑스 루브르 박물관
- 야코프 요르단스, 〈공현절의 왕〉, 1638, 캔버스에 유채, 160×213cm, 러시아 에르미타주 미술관

열네 번째 방
- 안토니오 델 폴라이올로, 〈헤라클레스와 히드라〉, 1475, 패널에 템페라, 17.5×12cm, 이탈리아 우피치 미술관
- 존 싱어 사전트, 〈아틀라스와 헤스페리데스〉, 1925, 캔버스에 유채, 지름 304.8cm, 미국 보스턴 순수미술 박물관
- 움베르토 보초니, 〈공간에서의 독특한 형태의 연속성〉, 1913, 청동, 111.4×88cm, 미국 뉴욕 현대미술관
- 장 오귀스트 도미니크 앵그르, 〈아가멤논이 보낸 사절단〉, 1801, 캔버스에 유채, 110×155cm, 프랑스 파리 국립고등미술학교

에필로그
- 미켈란젤로, 〈천지창조〉, 1508~1512, 프레스코, 270×580cm, 이탈리아 시스티나 성당